高等学校测绘工程系列教材

工程控制网数据处理理论、方法与软件设计

郭际明　罗年学　周命端　赵红强　章　迪　编著

图书在版编目(CIP)数据

工程控制网数据处理理论、方法与软件设计/郭际明,罗年学,周命端,赵红强,章迪编著.—武汉:武汉大学出版社,2012.4(2014.4重印)
高等学校测绘工程系列教材
ISBN 978-7-307-09731-5

Ⅰ.工… Ⅱ.①郭… ②罗… ③周… ④赵… ⑤章… Ⅲ.工程控制网—数据处理—高等学校—教材 Ⅳ.TB22

中国版本图书馆CIP数据核字(2012)第069534号

责任编辑:胡 艳　　责任校对:黄添生　　版式设计:支 笛

出版发行:武汉大学出版社　(430072 武昌 珞珈山)
(电子邮件:cbs22@whu.edu.cn 网址:www.wdp.com.cn)
印刷:荆州鸿盛印务有限公司
开本:787×1092 1/16　印张:11.25　字数:275千字
版次:2012年4月第1版　2014年4月第2次印刷
ISBN 978-7-307-09731-5/TB·36　定价:24.00元

前　言

随着计算机技术、数学理论在测量工程控制网数据处理中的广泛应用，工程控制网数据处理理论与方法不断变革，数据处理软件功能不断完善和增强。在工程测量中，控制网数据处理软件的广泛应用，不仅提高了测量计算工作效率和准确性，而且为大型工程设计、施工和安全运营提供了测量计算保障，在工程建设中发挥了重要作用。

本书讨论了测量工程控制网数据处理的理论和方法，基于 VC++语言，介绍了程序设计原理、编程思路，并结合软件设计思路，给出了部分程序代码与实例。控制网数据处理主要内容包括观测值预处理（方向改化、边长归算、高差改正、GPS 基线格式转换等）、控制网平差、输出成果报告等。本书重点介绍平面网（包括三角网、边角网、测边网和测角网）、高程网和 GPS 网的基于间接平差的数据处理理论、方法、软件与典型算例。

由于编者水平所限，书中难免有疏漏之处，敬请读者批评指正，以便下次修订时加以改正。

编　者

2012 年 1 月

目　录

第1章　C++编程语言基础

1.1　VC++语言概述

Visual C++是微软的C++程序设计环境，它包括综合的微软基本类库（MFC Library），使得开发Windows应用程序变得简单而高效；它提供复杂的资源编辑器，可以编辑对话框、菜单、工具栏、图像和其他许多Windows应用程序的组成元素；它还有一个非常好的集成开发环境Developer Studio，可以在编写C++程序时，对程序的结构进行可视化的管理，此外，一个完全集成的Debug工具可以让程序员从各个方面来检查程序运行中的微小细节。这些只是Visual C++众多特点中的一小部分。鉴于Visual C++强大的编程功能，在测绘应用领域中，许多大型测量软件采用了VC++语言进行系统开发，如武汉大学测绘学院研制的科傻（COSA）系列软件等。

1.2　控制网数据处理程序设计的VC++基本知识

1.2.1　数组

1. 数组的概念

概括地说，数组是有序数据的集合。如果有100个互不关联的数据，可以分别把它们存放到100个变量中，但是如果这些数据是有内在联系的，是具有相同属性的，则可以把这批数据看做一个有机的整体，称为数组（array），可以用一个统一的名字代表这批数据，而用序号或下标来区分各个数据。数组中的数据称为数组元素。要寻找一个数组中的某一元素，必须给出两个要素，即数组名和序号。C++语言用方括号内的数字来表示数组中元素的序号，如方向观测值数组可以写为Direction［i］，i可取0，1，2，…，n，其中，Direction为数组名，［i］表示第i+1个方向观测值在数组中的序号。

数组是有类型属性的，测量控制网数据处理使用的数组类型一般有用于表示点名的字符串数组、表示点的编号的整型数组、表示观测值等数据的双精度数组。同一数组中的每个元素都必须属于同一数据类型。一个数组在内存中占一片连续的存储单元。引入数组，就不需要在程序中定义大量的变量，大大减少了程序中变量的数量，使程序精练，而且数组含义清楚，使用方便，明确地反映了数据间的联系。

2. 一维数组的定义和引用

（1）定义一维数组

定义一维数组的一般格式为：

类型标识符　数组名［常量表达式］

说明：常量表达式的值表示元素的个数，即数组长度；常量表达式中不能包含变量。

例如：double Direction [100]，定义了一个可以存放 100 个方向观测值的双精度一维数组，数组元素的序号是 0，1，2，…，99。

(2) 引用一维数组的元素

数组必须先定义，然后使用。只能逐个引用数组元素的值，而不能一次引用整个数组中的全部元素的值。

数组元素的表示形式为：

数组名 [序号]

说明：序号可以是整型常量或整型表达式。

例如：Direction [0]，表示第 1 个方向观测值；Direction [99]；表示第 100 个方向观测值。

3. 二维数组的定义和引用

(1) 定义二维数组

定义二维数组的一般形式为：

类型标识符　数组名 [常量表达式] [常量表达式]

在 C++语言中，二维数组中元素排列的顺序是按行存放，即在内存中先顺序存放第一行的元素，再存放第二行的元素。

C++允许使用多维数组。有了二维数组的基础，再掌握多维数组是不困难的。多维数组元素在内存中的排列顺序是第一维的下标变化最慢，最右边的下标变化最快。

例如：法方程的系数阵可以定义一个双精度二维数组，表示如下：

double N [100] [100]

(2) 引用二维数组元素

二维数组的元素的表示形式为：

数组名 [序号] [序号]

例如：N [9] [10]，表示法方程系数阵中第 10 行、第 11 列的元素。

1.2.2 指针

1. 指针的概念

一个变量的地址，称为该变量的指针。如果一个变量是专门用来存放另一变量地址（即指针）的，则称为指针变量。简言之，变量的指针就是变量的地址，用来存放变量地址的变量是指针变量。

控制网数据处理中常采用文件指针进行数据文件的读写，采用指针进行参数的传递等。

2. 定义指针变量

C++规定所有变量在使用前必须先定义，即指定其类型。在编译时，按变量类型分配存储空间。对指针变量，必须将它定义为指针类型。

定义指针变量的一般形式为：

基类型　* 指针变量名

例如：int * prn，表示指向卫星伪随机编号为整型数据的指针变量，这个 int 就是指针变量的类型。

在定义指针变量时要注意：不能用一个整数给一个指针变量赋初值；在定义指针变量

时，必须指定基类型，用来指定该指针变量可以指向的变量的类型。

3. 引用指针变量

有两个与指针变量有关的运算符："&" 取地址运算符和 " * " 指针运算符（或称间接访问运算符）。

例如：&a 为变量 a 的地址，* p 为指针变量 p 所指向的存储单元。

下面对 "&" 和 " * " 运算符再做些说明：

① "&" 和 " * " 两个运算符的优先级别相同，但按自右至左方向结合。

② * &a 的含义是：先进行 &a 的运算，得 a 的地址，再进行 * 运算，即 &a 所指向的变量。

4. 指针作为函数参数

函数的参数不仅可以是整型、浮点型、字符型等类型的数据，还可以是指针类型的数据，它的作用是将一个变量的地址传送给被调用函数的形参。为了使在函数中改变了的变量值能被 main 函数所用，不能采取把要改变值的变量作为参数的办法，而应该用指针变量作为函数参数。在函数执行过程中，使指针变量所指向的变量值发生变化，函数调用结束后，这些变量值的变化依然保留下来，这样就实现了 "通过调用函数使变量的值发生变化，在主调函数中使用这些改变了的值" 的目的。

实参变量和形参变量之间的数据传递是单向的 "值传递" 方式。指针变量作函数参数也要遵循这一规则。调用函数时不会改变实参指针变量的值，但可以改变实参指针变量所指向变量的值。

5. 指向文件的指针

控制网相关的观测数据文件、坐标文件、平差结果文件，都可以使用指针进行读写。使用方法是：首先定义文件类型（FILE）的指针，再将该指针与相应的文件进行关联，然后即可进行读写操作。

例如：
```
FILE * InputFile;
FILE * ResultFile;
InputFile=fopen("Network.IN2","rt");
ResultFile=fopen("Network.OU2","wt");
……
```

1.2.3 结构体类型

1. 结构体的概念

C 和 C++允许用户自己指定一种将包含若干个类型不同（当然也可以相同）的数据项组织成一个组合项的数据类型，称为结构体。它相当于其他高级语言中的记录（record）。

申明一个结构体类型的一般形式为：

struct 结构体类型名

{成员表列}

结构体类型名用做结构体类型的标志。在声明一个结构体类型时，必须对各成员都进行类型声明，如类型名、成员名；每个成员也称为结构体中的一个域；成员表列又称为域表。

在 C++语言中，结构体的成员既可以包括数据（即数据成员），又可以包括函数（即函数成员），以适应面向对象的程序设计。

2. 定义结构体类型变量的方法

（1）先申明结构体类型再定义变量名

例如：

```
struct CoorSystem
{
    char Point[8];
    double dX;
    double dY;
    double dZ;
};
CoorSystem WGS_84,BJ_54,XA_80;
```

（2）在申明类型的同时定义变量

例如：

```
struct CoorSystem
{
    char Point[8];
    double dX;
    double dY;
    double dZ;
}WGS_84,BJ_54,XA_80;
```

（3）直接定义结构体类型变量

例如：

```
struct
{
    char Point[8];
    double dX;
    double dY;
    double dZ;
}WGS_84,BJ_54,XA_80;
```

关于结构体类型，需要注意以下几点：

① 不要误认为凡是结构体类型都有相同的结构；

② 类型与变量是不同的概念，不要混淆；

③ 对结构体中的成员，可以单独使用，作用与地位相当于普通变量；

④ 成员也可以是一个结构体变量；

⑤ 结构体中的成员名可以与程序中的变量名相同，但二者没有关系。

3. 结构体变量的初始化

和其他类型变量一样，对结构体变量可以在定义时指定初始值；可以采用声明类型与定义变量分开的形式，在定义变量时进行初始化。

4. 结构体变量的引用

① 可以将一个结构体变量的值赋给另一个具有相同结构的结构体变量；

② 可以引用一个结构体变量中的一个成员的值；一般方式为：结构体变量名.成员名；

③ 如果成员本身也是一个结构体类型，则要用若干个成员运算符，一级一级地找到最低一级的成员；

④ 不能将一个结构体变量作为一个整体进行输入和输出；

⑤ 对结构体变量的成员可以像普通变量一样进行各种运算；

⑥ 可以引用结构体变量成员的地址，也可以引用结构体变量的地址。

5. 结构体数组

和定义结构体变量的方法相仿，定义结构体数组时，只需声明其为数组即可。与其他类型的数组一样，对结构体数组可以初始化。一般形式是，在所定义的数组名的后面加上"= {初值表列}"。

1.2.4 类及矩阵类

1. 类及与对象的关系

在 C++中，对象的类型称为类（class）。类代表了某一批对象的共性和特征。类是对象的抽象，而对象是类的具体实例（instance）；类是抽象的，不占用内存，而对象是具体的，占用存储空间。

2. 声明类类型

类是用户自己指定的类型。如果程序中要用到类，必须自己根据需要进行声明，或者使用别人已设计好的类。C++标准本身并不提供现成的类的名称、结构和内容。

在 C++中，声明一个类的方法跟声明一个结构体类型是相似的。类包括类头（class head）和类体（class boby），类体是用一对花括号括起来的，类的声明以分号结束。

如果在类的定义中既不指定 private，也不指定 public，则系统就默认为是私有的。归纳以上对类类型的声明，可以得到其一般形式如下：

```
class 类名
{private:
   私有的数据和成员函数
public:
   公用的数据和成员函数;
};
```

除了 private 和 public 之外，还有一种成员访问限定符 protected（受保护的），用 protected 声明的成员称为受保护的成员，它不能被类访问，但可以被派生类的成员函数访问。

3. 矩阵类

矩阵运算常常应用在许多领域中，在测绘专业中更是常用。在面向对象程序设计方法之前，人们总是编写许多函数和过程来实现矩阵的各种运算，这给程序代码的复用带来了一定的困难，程序员经常把大量的精力放在重复调试上。而用面向对象的方法构造的矩阵类不但像数组一样能存储数据，而且还能操作数据，数据和方法被封装在一起，使程序员不用考虑数组的大小，因为这一切在矩阵类中都是自动处理的。矩阵类为控制测量计算提供了便利。

1.2.5 文件操作与文件流

1. 文件的概念

文件（file）是程序设计中一个重要的概念。所谓文件，一般指存储在外部介质上数据的集合。一批数据是以文件的形式存放在外部介质（如磁盘、光盘和 U 盘）上的。外存文件包括磁盘文件、光盘文件和 U 盘文件。对用户来说，常用到的文件有两大类，一类是程序文件（program file），如 C++的源程序文件（.cpp）、目标文件（.obj）、可执行文件（.exe）等；另一类是数据文件（data file），在程序运行时，常常需要将一些数据（运行的最终结果或中间数据）输出到硬盘上存放起来，以后需要时，再从硬盘中输入到计算机内存，这种硬盘文件就是数据文件，程序中的输入和输出的对象就是数据文件。

根据文件中的数据的组织形式可分为 ASCII 文件和二进制文件。ASCII 文件又称为文本（text）文件或字符文件，二进制文件又称为内部格式文件或字节文件。

2. 文件流类与文件流对象

文件流是以外存文件为输入输出对象的数据流。输出文件流是从内存流向外存文件的数据，输入文件流是从外存文件流向内存的数据。每个文件流都有一个内存缓冲区与之对应。

在 C++的 I/O 类库中定义了几种文件类，专门用于对文件的输入输出操作。标准输入输出流类 istream、ostream 和 iostream 用于键盘/屏幕的输入输出，在此基础上定义了 3 个用于文件操作的文件类：

ifstream 类：是从 istream 类派生的，用来支持从文件的输入；

ofstream 类：是从 ostream 类派生的，用来支持向文件的输出；

fstream 类：是从 iostream 类派生的。用来支持对文件的输入输出。

要以硬盘文件为对象进行输入输出，必须定义一个文件流类的对象，通过文件流对象将数据从内存输出到硬盘文件，或者通过文件流对象从硬盘文件将数据输入到内存。文件流对象是用文件流类定义的，而不是用 istream 和 ostream 类来定义的。可以用下面的方法建立一个输出文件流对象：

ofstream outfile;

3. 文件的打开与关闭

（1）打开文件

打开文件是指在文件读写之前做必要的准备工作，包括：

① 为文件流对象和指定的硬盘文件建立关联，以便使文件流流向指定的硬盘文件；

② 指定文件的工作方式，声明该文件是作为输入文件还是输出文件，是 ASCII 文件还是二进制文件等。

调用文件流的成员函数 open。一般形式为：

文件流对象.open（硬盘文件名，输入输出方式）；

（2）在定义文件流对象时指定参数

在声明文件流类时，定义了带参数的构造函数，其中包括了打开硬盘文件的功能。因此，可以在定义文件流对象时指定参数，调用文件流类的构造函数来实现打开文件的功能，作用与 open 函数相同。

（3）关闭硬盘文件

在对已打开的硬盘文件的读写操作完成后，应关闭该文件。关闭文件用成员函数close。所谓关闭，实际上是解除该硬盘文件与文件流的关联，原来设置的工作方式也失效，这样，就不能再通过文件流对该文件进行输入和输出。此时，可以将文件流与其他硬盘文件建立关联，通过文件流对新的文件进行输入或输出。

4. 对 ASCII 文件的操作

如果文件的每个字节中均以 ASCII 代码形式存放数据，即一个字节一个字符，这个文件就是 ASCII 文件（或称为字符文件）。ASCII 文件的读写操作有以下两种方法：用流插入运算符“<<”和流提取运算符“>>”输入输出标准类型的数据；用文件流的 put、get、getline 等成员函数进行字符的输入输出。

5. 对二进制文件的操作

二进制文件不是以 ASCII 代码存放数据的，它将内存中数据存储形式不加转换地传送到硬盘文件，因此它又称为内存数据的映像文件。因为文件中的信息不是字符数据，而是字节中的二进制形式的信息，因此它又称为字节文件。对二进制文件的读写，主要用ifstream类的成员函数 read 和 write 来实现。与文件流有关的成员函数见表 1-1。

表 1-1　　文件流有关的成员函数

成员函数	作用
gcount（）	返回最后一次输入所读入的字节数
Tellg（）	返回输入文件指针的当前位置
seekg（文件中的位置）	将输入文件中指针移到指定的位置
seekg（位移量，参照位置）	以参照位置为基础移动若干字节
Tellp（）	返回输出文件指针当前的位置
seekp（文件中的位置）	将输出文件中指针移到指定的位置
seekp（位移量，参照位置）	以参照位置为基础移动若干字节

一般情况下，读写是顺序进行的，即逐个字节进行读写。但是，对于二进制数据文件来说，可以利用上面的成员函数移动指针，随机地访问文件中任一位置上的数据，还可以修改文件中的内容。

1.3　小结

本章主要介绍了 C++编程语言在工程控制网数据处理软件设计中所用到或可能会用到的基本知识。从概念、定义及如何使用等方面入手，详细介绍了数组、指针、结构体类型、类及矩阵类、文件操作与文件流等编程知识的用法。在实际编程过程中，需要对编程语言基础知识的概念进行理解，这样有助于提高程序的质量，特别是提高“可复用性”与“可扩张性”，学会融会贯通。

C++编程经常会使用到“类”。C++中使用“类”进行工程控制网软件设计，其具有抽象性、封装性、继承性、多态性等突出特点而备受程序员青睐。

第2章　工程控制网数据处理的基本理论和方法

2.1　概述

工程控制网数据处理是对外业获得的观测值进行一系列的运算，获得各个控制点的平差坐标、两点之间的边长和方位角的平差值、精度指标，并形成成果报告，主要计算内容有观测值概算与投影、控制网平差、精度评定与成果输出。

2.2　观测值概算与投影

2.2.1　方向观测值概算与投影

1. 方向观测值归化至椭球面

外业观测得到的方向是利用全站仪以自然地球表面测站点的垂线为参考线、以水准面为参考面的观测值，需要进行垂线偏差改正、标高差改正、截面差改正，从而归化至椭球面上以法线和椭球面为基准的方向值。这三项改正简称为三差改正。

（1）垂线偏差改正

地面上所有方向的观测都是以垂线为依据的，而在椭球面上则要求以该点的法线为依据，这样，在每一个三角点上，把以垂线为依据的地面观测的水平方向值归算到以法线为依据的方向值而应加的改正，定义为垂线偏差改正（图 2-1），以 δ''_u 表示，其计算公式为

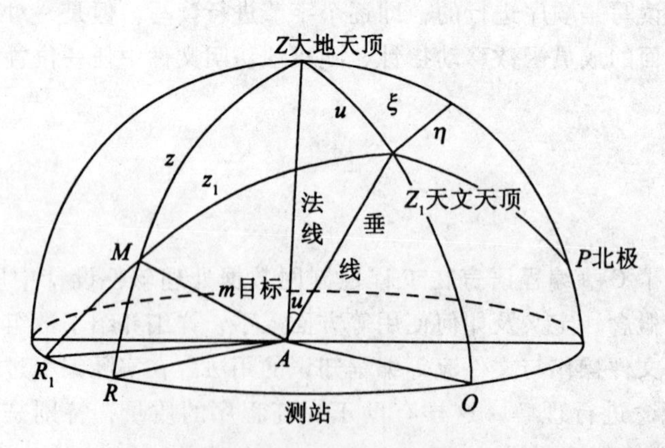

图 2-1　垂线偏差改正

$$\delta''_u = -(\xi''\sin A_m - \eta''\cos A_m)\cot Z_1 = -(\xi''\sin A_m - \eta''\cos A_m)\tan\alpha_1 \tag{2-1}$$

式中，ξ''，η'' 为测站点上的垂线偏差在子午圈及卯酉圈上的分量，它们可在测区的垂线偏差分量图中内插取得；A_m 为测站点至照准点的大地方位角；Z_1 为照准点的天顶距；α_1 为照准点的垂直角。

（2）标高差改正

标高差改正又称为由照准点高度而引起的改正。当进行水平方向观测时，如果照准点高出椭球面某一高度，则照准面就不能通过照准点的法线与椭球面的交点，由此引起的方向偏差的改正称为标高差改正（图 2-2），以 δ''_h 表示，其计算公式为

$$\delta''_h = \frac{e^2}{2} H_2 \frac{\rho}{M_2} \cos^2 B_2 \sin 2A_1 \tag{2-2}$$

式中，B_2 为照准点大地纬度；A_1 为测站点至照准点的大地方位角；M_2 为与照准点纬度 B_2 相应的子午圈曲率半径；H_2 为照准点高出椭球面的高程，它由三部分组成，公式表示为

$$H_2 = H_{常} + \zeta + a \tag{2-3}$$

其中，$H_{常}$ 为照准点标石中心的正常高；ζ 为高程异常；a 为照准点的觇标高。

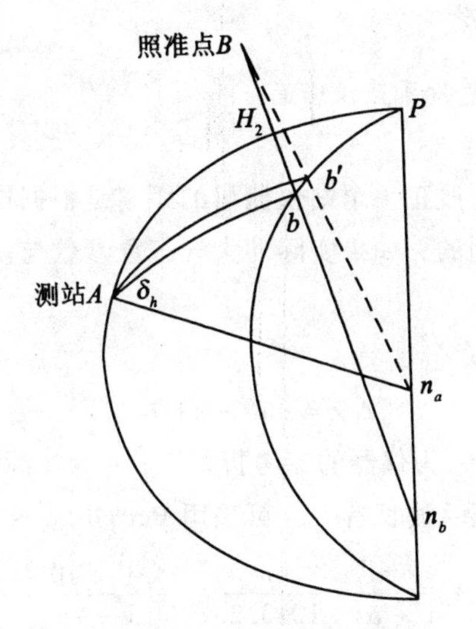

图 2-2　标高差改正

（3）截面差改正

在椭球面上，纬度不同的两点由于其法线不共面，所以在对向观测时相对法截面不重合，应当用两点间的达底线代替相对法截弧。将法截弧方向化为大地线方向应加的改正叫截面差改正（图 2-3），用 δ''_g 表示，其计算公式为

$$\delta''_g = -\frac{e^2}{12\rho''} S^2 \left(\frac{\rho}{N_1}\right)^2 \cos^2 B_1 \sin 2A_1 \tag{2-4}$$

式中，B_1 为测站点纬度；S 为 AB 间大地线长度；N_1 为测站点纬度；B_1 为相对应的卯酉圈曲率半径；A_1 为测站点至照准点的大地方位角。

2. 方向观测值从椭球面改化到高斯平面

精密计算公式为

$$\delta_{ij} = \frac{x_i - x_j}{6R_m^2}\left(2y_i + y_j - \frac{y_m^3}{R_m^2}\right) + \frac{\eta^2 t}{R_m^3}(y_i - y_j) y_m^2 \tag{2-5}$$

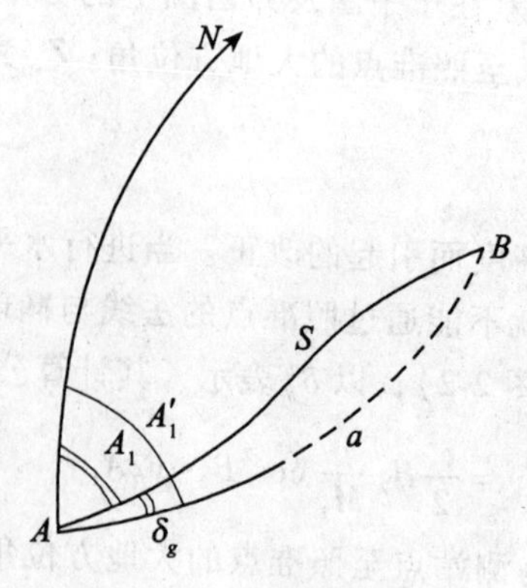

图 2-3　截面差改正

式（2-5）精确至0.01″，适用于一等三角测量计算。

2.2.2　边长观测值概算与投影

1. 将地面电磁波测距长度归算至椭球面

（1）气象改正

气象改正又称为大气折射改正。全站仪测量的距离是根据仪器中设置的某一参考大气气象条件下的折射率计算得到的，如果实际的大气气象参数与仪器内部采用的气象参数不同，则应进行气象改正。

气象改正的原理公式为

$$\Delta D = (n' - n)D \tag{2-6}$$

式中，D 为仪器显示的距离；n' 为仪器的参考折射率；n 为实际大气折射率。

大气折射率与气温、气压、波长有关，可采用Barrell-Sears公式计算得到：

$$n = 1 + \frac{n_0 - 1}{1 + \alpha t} \cdot \frac{p}{1013.25} - \frac{4.1 \times 10^{-8}}{1 + \alpha t} \cdot e \tag{2-7}$$

式中，$\alpha = \frac{1}{273.16} = 0.003661$；$n_0 - 1 = \left(287.604 + 3 \times \frac{1.6288}{\lambda^2} + 5 \times \frac{0.0136}{\lambda^4}\right) \times 10^{-6}$；$p$ 为大气压（mb）；t 为气温（℃）；λ 为载波波长（μm）；n_0 为标准大气条件下（$t = 0℃$，$p = 1013.25\text{mb}$，$e = 0\text{mb}$）的折射率；e 为水汽压（mb），计算公式为

$$e = e' - 0.00062(t - t')(1 + 0.001146t')p$$

$$e' = 6.107 \times 10^a$$

$$a = \frac{7.5 \times t'}{237.3 + t'}$$

其中，t' 为湿气温（采用干湿球温度计测得）。

例如，对于TPS1000系列全站仪，$\lambda = 0.85\mu\text{m}$，可求得 $n_0 = 1.0002945$，进一步导出 n 的计算公式为

$$n - 1 = \left(\frac{0.29065 \times P}{1 + \alpha \times t} - \frac{4.126 \times 10^{-2} \times e}{1 + \alpha \times t}\right) 10^{-6} \tag{2-8}$$

参考气象条件为：$t=12℃$，$p=1013.25\text{mb}$，相对湿度60%（湿温8.3℃），可求得$n'=1.0002818$，进而得出使用的气象改正公式为

$$\Delta D=\left[281.8-\left(\frac{0.29065\times p}{1+\alpha\times t}-\frac{4.126\times 10^{-2}\times e}{1+\alpha\times t}\right)\right]\times 10^{-6}\times D \tag{2-9}$$

$$D'=D+\Delta D$$

水汽压影响一般较小，当精度要求允许时，式（2-9）也经常略去第三部分，简化为

$$\Delta D=\left(k_1-\frac{k_2\times 10^{-4}\times p}{1+\alpha\times t}\right)\times 10^{-6}\times D$$

式中，$k_1=281.8$，如果p以毫巴（mb）为单位，则$k_2=2906.5$；如果p以毫米汞柱（mm-Hg）为单位，则$k_2=2906.5\times1013.25/760=3875.0$。

（2）斜距D_1化算至平均高程面上的平距的改正

$$\begin{cases}\Delta D_2=\sqrt{D_1^2-\left(\Delta h\cdot\cos\dfrac{\gamma}{2}\right)^2}-\Delta h\cdot\sin\dfrac{\gamma}{2}\\ \Delta h=D_1\cdot\dfrac{\sin\alpha}{\cos\gamma}+\dfrac{1-k}{2R}\cdot(D_1\cdot\cos\alpha)2\\ \gamma=\dfrac{D_1\cdot\cos\alpha}{R}\end{cases} \tag{2-10}$$

$$D_2=D_1+\Delta D_2$$

式中，α为垂直角。

（3）平均高程面D_2化算至坐标系参考投影面上的改正

$$\Delta D_3=-\frac{H_m-H_0}{R+H_m}\cdot D_2 \tag{2-11}$$

$$H_m=\frac{H_1+H_2}{2}$$

$$D_3=D_2+\Delta D_3$$

式中，H_0为坐标系参考投影面的高程。

如果已经利用水准测量得到了各点的高程，则可以采用如下方法将经过气象改正后的地面电磁波测距长度归算至椭球面（图2-4）：

$$S=2R_A\arcsin\frac{D}{R_A}\sqrt{\frac{1-\left(\dfrac{H_2-H_1}{D}\right)^2}{\left(1+\dfrac{H_1}{R_A}\right)\left(1+\dfrac{H_2}{R_A}\right)}} \tag{2-12}$$

$$R_A=\frac{N}{1+e'^2\cos B_1^2\cos^2 A_1}$$

2. 边长从椭球面改化到高斯平面

$$D=\left(1+\frac{y_m^2}{2R^2}+\frac{\Delta y^2}{24R^2}+\frac{y_m^4}{24R^4}\right)S \tag{2-13}$$

$$R=\sqrt{MN}$$

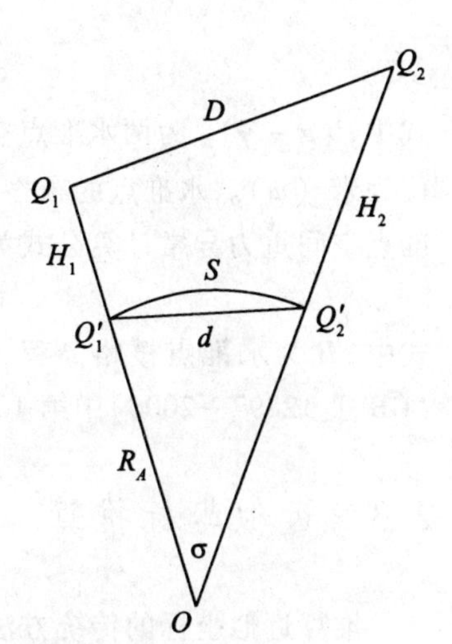

图2-4 边长归算

2.2.3 高差观测值概算

1. 电磁波测距三角高程的高差计算

$$\Delta h_{1,2} = D' \cdot \frac{\sin\beta}{\cos\gamma} + \frac{1-k}{2R} \cdot (D' \cdot \cos\beta)^2 + i - v \tag{2-14}$$

$$\gamma = \frac{D' \cdot \cos\beta}{R}$$

式中，D' 为经过气象改正后的斜距；β 为垂直角；k 为大气折光系数；i 为仪器高；v 为目标高；R 为沿视线方向的椭球法截线曲率半径。

2. 水准测量高差改正计算

（1）水准标尺每米真长改正

一测段高差改正数 δ 的计算公式为

$$\delta = f \cdot \sum h \tag{2-15}$$

式中，f 为标尺改正系数，单位为 mm/m；$\sum h$ 为测段高差（往测或返测高差值），单位为 m。

（2）正常水准面不平行改正

一测段高差改正数 ε 计算公式

$$\varepsilon = -(\gamma_{i+1} - \gamma_i) \cdot \frac{H_m}{\gamma_m} \tag{2-16}$$

$$\gamma_m = \frac{\gamma_i + \gamma_{i+1}}{2} - 0.1543H_m$$

$$\gamma = 978032(1 + 0.0053024\sin^2\phi - 0.0000058\sin^2 2\phi)$$

$$H_m = \frac{H_1 + H_2}{2}$$

式中，γ 为正常重力，单位为毫伽。

（3）重力异常改正

一测段高差改正数 λ 计算公式为

$$\lambda = (g - \gamma)_m \cdot \frac{h}{\gamma_m} \tag{2-17}$$

式中，$(g-\gamma)_m$ 为两水准点空间重力异常平均值，取至 $10^{-5}\ \mathrm{m/s^2}$；h 为测段观测高差，单位为米（m）。水准点的布格异常 $(g-\gamma)_{布}$ 从相应的数据库检索，取至 $0.1 10^{-5}\ \mathrm{m/s^2}$；水准点空间重力异常计算公式为

$$(g-\gamma)_{空} = (g-\gamma)_m + 0.1119H$$

式中，H 为水准点概略高程，单位为 m。计算实例参见《国家一、二等水准测量规范》(GB_T_12897—2006) 中第 107 页的表 D.2。

2.3 近似坐标推算

推算近似坐标的传统方法主要有极坐标方法、方向交会法、边长交会法（潘正风等，2009）。随着全站仪、三维激光扫描仪观测技术的进步，根据公共点进行坐标相似变换的

方法逐渐成为许多测量软件计算近似坐标的一种方法。本书主要讨论二维坐标和三维坐标相似变换方法。

2.3.1　二维坐标相似变换

首先假定两点的坐标，在此基础上利用传统方法推算出所有点的假定坐标，再根据控制网中的两个已知点的坐标建立假定坐标和已知坐标之间的相似变换数学模型，最后根据建立的转换模型把所有点的假定坐标转换为工程所需要的测量坐标。

二维直角坐标转换模型为

$$\begin{pmatrix} x \\ y \end{pmatrix} = \begin{pmatrix} x_0 \\ y_0 \end{pmatrix} + (1 + k/1000000) \cdot \begin{pmatrix} \cos\alpha & \sin\alpha \\ -\sin\alpha & \cos\alpha \end{pmatrix} \begin{pmatrix} x' \\ y' \end{pmatrix} \tag{2-18}$$

式中，x_0，y_0 为平移参数；k 为尺度参数（ppm）；α 为旋转角（弧度）。

为了编程求解参数，式（2-18）可进一步写为

$$\begin{pmatrix} x \\ y \end{pmatrix} = \begin{pmatrix} x_0 \\ y_0 \end{pmatrix} + \begin{pmatrix} a & b \\ -b & a \end{pmatrix} \begin{pmatrix} x' \\ y' \end{pmatrix} = \begin{pmatrix} 1 & 0 & x' & y' \\ 0 & 1 & y' & -x' \end{pmatrix} \begin{pmatrix} x_0 \\ y_0 \\ a \\ b \end{pmatrix} \tag{2-19}$$

式中，共有四个待求参数 x_0、y_0、a、b，利用两个以上的公共点可以求解出来。

2.3.2　三维坐标相似变换

在测绘数据处理中，时常会遇到三维基准转换的问题，如在大地测量、摄影测量、三维激光扫描、全站仪或测量机器人自由设站以及 GIS 中，都会遇到大旋转角的三维直角坐标转换的问题。对于不同的地球空间直角坐标系，其旋转角一般较小，可采用线性三维基准转换，也就是通常所说的 7 参数线性模型，但这样的基于小角度旋转的线性模型有一定的局限性，不能应用于大角度旋转条件下的三维基准转换问题。

本书采用迭代法来解决非线性三维基准转换的方法（刘东明等，2010），该方法不仅适用于小旋转角，也适用于大旋转角的三维直角坐标转换，其主要思想是：将三维直角坐标转换中的 1 个尺度参数、3 个平移参数和旋转矩阵中的 9 个方向余弦都作为未知参数，共 13 个未知参数；但 9 个方向余弦中，有 3 个量是独立的，其余 6 个量都可以用 3 个独立参数非线性表示，即存在 6 个限制条件。由于三维直角坐标转换是一种正交变换，这 6 个限制条件就是正交矩阵应满足的正交条件，将这 6 个限制条件作为附加条件，按附有限制条件的间接平差得到转换参数的最小二乘解。

三维直角坐标转换模型为

$$[X \quad Y \quad Z]_B^{\mathrm{T}} = kR\,[X \quad Y \quad Z]_A^{\mathrm{T}} + [\Delta X \quad \Delta Y \quad \Delta Z]^{\mathrm{T}} \tag{2-20}$$

式中，$[X \quad Y \quad Z]_A^{\mathrm{T}}$ 表示旧坐标系下的坐标；$[X \quad Y \quad Z]_B^{\mathrm{T}}$ 表示经坐标转换后的新坐标系下的坐标；$[\Delta X \quad \Delta Y \quad \Delta Z]^{\mathrm{T}}$ 为平移量；k 为尺度缩放因子；R 为旋转矩阵。其构成过程为：首先将坐标轴绕 X 轴逆时针旋转 φ，得到旋转矩阵 R_X；再将坐标轴绕新的 Y 轴逆时针旋转 ω，得到旋转矩阵 R_Y；最后将坐标轴绕新的 Z 轴逆时针旋转 θ，得到旋转矩阵 R_Z，即

$$R = R_Z R_Y R_X = \begin{bmatrix} \sin\theta\cos\omega & \sin\theta\cos\varphi + \cos\theta\sin\omega\sin\varphi & \sin\theta\sin\varphi - \cos\theta\sin\omega\cos\varphi \\ -\sin\theta\cos\omega & \cos\theta\cos\varphi - \sin\theta\sin\omega\sin\varphi & \cos\theta\sin\varphi + \sin\theta\sin\omega\sin\varphi \\ \sin\omega & -\cos\omega\sin\varphi & \cos\omega\cos\varphi \end{bmatrix} \tag{2-21}$$

R 又可简单表示为

$$R = \begin{bmatrix} a_{11} & a_{12} & a_{13} \\ a_{21} & a_{22} & a_{23} \\ a_{31} & a_{32} & a_{33} \end{bmatrix}$$

则限制条件为

$$\begin{cases} a_{11}^2 + a_{12}^2 + a_{13}^2 = 1 \\ a_{21}^2 + a_{22}^2 + a_{23}^2 = 1 \\ a_{31}^2 + a_{32}^2 + a_{33}^2 = 1 \\ a_{11}a_{12} + a_{21}a_{22} + a_{31}a_{32} = 0 \\ a_{11}a_{13} + a_{21}a_{23} + a_{31}a_{33} = 0 \\ a_{12}a_{13} + a_{22}a_{23} + a_{32}a_{33} = 0 \end{cases} \tag{2-22}$$

将 R 代入式（2-20），并用泰勒级数展开，得

$$\begin{bmatrix} X \\ Y \\ Z \end{bmatrix}_B = k^0 \begin{bmatrix} a_{11}^0 & a_{12}^0 & a_{13}^0 \\ a_{21}^0 & a_{22}^0 & a_{23}^0 \\ a_{31}^0 & a_{32}^0 & a_{33}^0 \end{bmatrix} \begin{bmatrix} X \\ Y \\ Z \end{bmatrix}_A + \begin{bmatrix} \Delta X^0 \\ \Delta Y^0 \\ \Delta Z^0 \end{bmatrix} + \begin{bmatrix} a_{11}^0 X_A + a_{12}^0 Y_A + a_{13}^0 Z_A \\ a_{21}^0 X_A + a_{22}^0 Y_A + a_{23}^0 Z_A \\ a_{31}^0 X_A + a_{32}^0 Y_A + a_{33}^0 Z_A \end{bmatrix} \mathrm{d}k + \begin{bmatrix} \mathrm{d}(\Delta X) \\ \mathrm{d}(\Delta Y) \\ \mathrm{d}(\Delta Z) \end{bmatrix} +$$

$$\begin{bmatrix} k^0 X_A & k^0 Y_A & k^0 Z_A & 0 & 0 & 0 & 0 & 0 & 0 \\ 0 & 0 & 0 & k^0 X_A & k^0 Y_A & k^0 Z_A & 0 & 0 & 0 \\ 0 & 0 & 0 & 0 & 0 & 0 & k^0 X_A & k^0 Y_A & k^0 Z_A \end{bmatrix} \cdot$$

$$\begin{bmatrix} \mathrm{d}a_{11} & \mathrm{d}a_{12} & \mathrm{d}a_{13} & \mathrm{d}a_{21} & \mathrm{d}a_{22} & \mathrm{d}a_{23} & \mathrm{d}a_{31} & \mathrm{d}a_{32} & \mathrm{d}a_{33} \end{bmatrix}^{\mathrm{T}} \tag{2-23}$$

式中，上标为 0 的表示取其近似值；$\mathrm{d}(\Delta X)$，$\mathrm{d}(\Delta Y)$，$\mathrm{d}(\Delta Z)$，$\mathrm{d}a_{11}$，$\mathrm{d}a_{12}$，$\mathrm{d}a_{13}$，$\mathrm{d}a_{21}$，$\mathrm{d}a_{22}$，$\mathrm{d}a_{23}$，$\mathrm{d}a_{31}$，$\mathrm{d}a_{32}$，$\mathrm{d}a_{33}$ 为改正数。

将式（2-23）写成误差方程的形式为

$$V = BX - l \tag{2-24}$$

式中，

$$V = [V_{X_A} \quad V_{Y_A} \quad V_{Z_A}]^{\mathrm{T}}$$

$$B = \begin{bmatrix} 1 & 0 & 0 & a_{11}^0 X_A + a_{12}^0 Y_A + a_{13}^0 Z_A & k^0 X_A & k^0 Y_A & k^0 Z_A & 0 & 0 & 0 & 0 & 0 & 0 \\ 0 & 1 & 0 & a_{21}^0 X_A + a_{22}^0 Y_A + a_{23}^0 Z_A & 0 & 0 & 0 & k^0 X_A & k^0 Y_A & k^0 Z_A & 0 & 0 & 0 \\ 0 & 0 & 1 & a_{31}^0 X_A + a_{32}^0 Y_A + a_{33}^0 Z_A & 0 & 0 & 0 & 0 & 0 & 0 & k^0 X_A & k^0 Y_A & k^0 Z_A \end{bmatrix}$$

$$X = \begin{bmatrix} \mathrm{d}(\Delta X) & \mathrm{d}(\Delta X) & \mathrm{d}(\Delta X) & \mathrm{d}k & \mathrm{d}a_{11} & \mathrm{d}a_{12} & \mathrm{d}a_{13} & \mathrm{d}a_{21} & \mathrm{d}a_{22} & \mathrm{d}a_{23} & \mathrm{d}a_{31} & \mathrm{d}a_{32} & \mathrm{d}a_{33} \end{bmatrix}$$

$$l = \begin{bmatrix} X \\ Y \\ Z \end{bmatrix}_B - k^0 \begin{bmatrix} a_{11}^0 & a_{12}^0 & a_{13}^0 \\ a_{21}^0 & a_{22}^0 & a_{23}^0 \\ a_{31}^0 & a_{32}^0 & a_{33}^0 \end{bmatrix} \begin{bmatrix} X \\ Y \\ Z \end{bmatrix}_A - \begin{bmatrix} \Delta X^0 \\ \Delta Y^0 \\ \Delta Z^0 \end{bmatrix}$$

由式（2-23）可以列出限制条件方程为

$$CX + W = 0 \tag{2-25}$$

$$C = \begin{bmatrix} 0 & 0 & 0 & 0 & 2a_{11}^0 & 2a_{12}^0 & 2a_{13}^0 & 0 & 0 & 0 & 0 & 0 & 0 \\ 0 & 0 & 0 & 0 & 0 & 0 & 0 & 2a_{21}^0 & 2a_{22}^0 & 2a_{23}^0 & 0 & 0 & 0 \\ 0 & 0 & 0 & 0 & 0 & 0 & 0 & 0 & 0 & 2a_{31}^0 & 2a_{32}^0 & 2a_{33}^0 \\ 0 & 0 & 0 & 0 & a_{12}^0 & a_{11}^0 & 0 & a_{22}^0 & a_{21}^0 & 0 & a_{32}^0 & a_{31}^0 & 0 \\ 0 & 0 & 0 & 0 & a_{13}^0 & 0 & a_{11}^0 & a_{23}^0 & 0 & a_{21}^0 & a_{33}^0 & 0 & a_{31}^0 \\ 0 & 0 & 0 & 0 & 0 & a_{13}^0 & a_{12}^0 & 0 & a_{23}^0 & a_{22}^0 & 0 & a_{33}^0 & a_{32}^0 \end{bmatrix}$$

$$W = \begin{bmatrix} a_{11}^{02} + a_{12}^{02} + a_{13}^{02} - 1 \\ a_{21}^{02} + a_{22}^{02} + a_{23}^{02} - 1 \\ a_{31}^{02} + a_{32}^{02} + a_{33}^{02} - 1 \\ a_{11}^0 a_{12}^0 + a_{21}^0 a_{22}^0 + a_{31}^0 a_{32}^0 \\ a_{11}^0 a_{13}^0 + a_{21}^0 a_{23}^0 + a_{31}^0 a_{33}^0 \\ a_{12}^0 a_{13}^0 + a_{22}^0 a_{23}^0 + a_{32}^0 a_{33}^0 \end{bmatrix}$$

对式（2-24）、式（2-25）按附有限制条件的间接平差解算，即可解出转换参数 X。

2.4 控制网平差

控制网平差方法有条件平差法、间接平差法。对于计算机程序设计，一般采用间接平差法，因此本书只讨论间接平差法、附有条件的间接平差法，为后续的程序设计准备数学模型。

2.4.1 间接平差

1. 数学模型及平差准则

间接平差的函数模型为

$$\underset{n\times1}{\hat{L}} = \underset{n\times t}{B}\,\underset{t\times1}{\hat{x}} + \underset{n\times1}{d} \tag{2-26}$$

间接平差的随机模型为

$$\underset{n\times n}{D} = \sigma_0^2 \underset{n\times n}{Q} = \sigma_0^2 \underset{n\times n}{P^{-1}} \tag{2-27}$$

平差的准则为

$$V^{\mathrm{T}}PV = \min \tag{2-28}$$

间接平差就是在最小二乘准则要求下求出误差方程中的待定参数 $\hat{x}$，在数学中是求多元函数的极值问题。

2. 参数求解及精度评定

误差方程为

$$\begin{aligned} V &= B\hat{x} - l \\ l &= L - L^0 = L - (BX^0 + d) \end{aligned} \tag{2-29}$$

法方程为

$$B^{\mathrm{T}}PB\hat{x} - B^{\mathrm{T}}Pl = 0 \tag{2-30}$$

其解为

$$\hat{x} = (B^{\mathrm{T}}PB)^{-1}B^{\mathrm{T}}Pl = N_{BB}^{-1}W \tag{2-31}$$

观测量和参数的平差值为

$$\hat{L} = L + V,\ \hat{X} = X^0 + \hat{x} \tag{2-32}$$

单位权中误差为

$$\hat{\sigma}_0 = \sqrt{\frac{V^{\mathrm{T}}PV}{r}} = \sqrt{\frac{V^{\mathrm{T}}PV}{n - t}} \tag{2-33}$$

平差参数 $\hat{X}$ 的协方差阵为

$$D_{XX} = \sigma_0^2 Q_{\hat{X}\hat{X}} = \hat{\sigma}_0^2 N_{BB}^{-1} \tag{2-34}$$

设平差参数函数的权函数式为

$$\mathrm{d}\hat{\varphi} = F^{\mathrm{T}}\hat{x} \tag{2-35}$$

根据协因数传播率，可写出

$$Q_{\hat{\varphi}\hat{\varphi}} = F^{\mathrm{T}}Q_{\hat{X}\hat{X}}F = F^{\mathrm{T}}N_{BB}^{-1}F \tag{2-36}$$

方差为

$$D_{\hat{\varphi}\hat{\varphi}} = \hat{\sigma}_0^2 Q_{\hat{\varphi}\hat{\varphi}} \tag{2-37}$$

3. 计算步骤

①根据平差问题的性质，选择 t 个独立量作为参数；

②将每一个观测量的平差值分别表达成所选参数的函数，若函数为非线性，则要将其线性化，列出误差方程；

③由误差方程系数 B 和自由项 l 组成法方程，法方程个数等于参数的个数 t；

④解算法方程，求出参数 $\hat{x}$，计算参数的平差值；

⑤由误差方程计算 V，求出观测量平差值。

2.4.2 附有条件的间接平差

在一个平差问题中，多余观测数 $r = n - t$，如果在平差中选择的参数 $u > t$，其中包含了 t 个独立参数，则参数间存在 $s = u - t$ 个限制条件。平差时，列出 n 个观测方程和 s 个限制参数间关系的条件方程，以此为函数模型的平差方法，就是附有条件的间接平差。

1. 数学模型及平差准则

附有条件的间接平差的函数模型为

$$\underset{n\times 1}{\tilde{L}} = \underset{n\times u}{B}\,\underset{n\times 1}{\tilde{L}} + \underset{n\times 1}{d} \quad 或 \quad l + \Delta = B\tilde{X} \tag{2-38}$$

$$\underset{s\times u}{C}\,\underset{u\times 1}{\tilde{X}} + \underset{s\times 1}{W_x} = \underset{s\times 1}{0} \tag{2-39}$$

随机模型为

$$\underset{n\times n}{D} = \sigma_0^2 \underset{n\times n}{Q} = \sigma_0^2 \underset{n\times n}{P^{-1}} \tag{2-40}$$

平差的准则为

$$V^{T}PV=\min \tag{2-41}$$

2. 参数求解及精度评定

附有条件的间接平差法的数学模型为

$$\underset{n\times1}{V}=\underset{u\times n}{B}\ \underset{u\times1}{\hat{x}}-\underset{n\times1}{l} \tag{2-42}$$

$$\underset{s\times u}{C}\ \underset{u\times1}{\hat{x}}+\underset{s\times1}{W_x}=0 \tag{2-43}$$

$$\underset{n\times n}{D}=\sigma_0^2\underset{n\times n}{Q}=\sigma_0^2\underset{n\times n}{P}^{-1} \tag{2-44}$$

式中，$l=L-F(X^0)$；$W_x=\Phi(X^0)$

法方程为

$$\underset{u\times u}{N_{BB}}\ \underset{u\times1}{\hat{x}}+\underset{u\times s}{C^{T}}\ \underset{s\times1}{K_s}-\underset{u\times1}{W}=\underset{u\times1}{0} \tag{2-45}$$

$$\underset{s\times n}{C}\ \underset{u\times1}{\hat{x}}+\underset{s\times1}{W_x}=\underset{s\times1}{0} \tag{2-46}$$

式中，$N_{BB}=B^{T}PB$；$W=B^{T}Pl$。

其解为

$$\begin{aligned}\underset{u\times1}{\hat{x}}&=(N_{BB}^{-1}-N_{BB}^{-1}C^{T}N_{CC}^{-1}CN_{BB}^{-1})W-N_{BB}^{-1}C^{T}N_{CC}^{-1}W_x\\&=Q_{\hat{X}\hat{X}}W-N_{BB}^{-1}C^{T}N_{CC}^{-1}W_x\end{aligned} \tag{2-47}$$

$$\underset{s\times1}{K_s}=N_{CC}^{-1}(CN_{BB}^{-1}W+W_x) \tag{2-48}$$

式中，$N_{CC}=CN_{BB}^{-1}C^{T}$。

观测值和参数的平差值为

$$\underset{n\times1}{\hat{L}}=L+V,\ \underset{u\times1}{\hat{X}}=X^0+\hat{x} \tag{2-49}$$

单位权方差的估值为

$$\hat{\sigma}_0^2=\frac{V^{T}PV}{r}=\frac{V^{T}PV}{n-u+s} \tag{2-50}$$

参数平差值函数为

$$\hat{\varphi}=\Phi(\hat{X}) \tag{2-51}$$

权函数式为

$$\mathrm{d}\hat{\varphi}=F^{T}\hat{x} \tag{2-52}$$

式中，$\underset{1\times u}{F^{T}}=\left[\frac{\partial\Phi}{\partial\hat{X}_1}\times\frac{\partial\Phi}{\partial\hat{X}_2}\times\cdots\times\frac{\partial\Phi}{\partial\hat{X}_u}\right]_0$

协因数为

$$Q_{\hat{\varphi}\hat{\varphi}}=F^{T}Q_{\hat{X}\hat{X}}F \tag{2-53}$$

中误差为

$$\hat{\sigma}_{\hat{\varphi}}=\hat{\sigma}_0\sqrt{Q_{\hat{\varphi}\hat{\varphi}}} \tag{2-54}$$

2.4.3 平面控制网

平面控制网观测量有水平方向 L_{ij}、平面坐标方位角 A_{ij}、平面边长 s_{ij}、二维 GPS 基线向量 $(\Delta x,\ \Delta y)_{ij}$，其相应的误差方程分别介绍如下：

1. 水平方向观测值误差方程

$$V_{L_{ij}} = -\mathrm{d}\zeta_i + a_{ij}\mathrm{d}x_i + b_{ij}\mathrm{d}y_i - a_{ij}\mathrm{d}x_j - b_{ij}\mathrm{d}y_j + l_{L_{ij}} \tag{2-55}$$

$$\begin{cases} a_{ij} = \dfrac{\Delta y_{ij}^0}{(s_{ij}^0)^2} \\ b_{ij} = -\dfrac{\Delta x_{ij}^0}{(s_{ij}^0)^2} \\ l_{L_{ij}} = A_{ij}^0 - L_{ij} - \zeta_i^0 \\ A_{ij}^0 = \arctan\dfrac{\Delta y_{ij}^0}{\Delta x_{ij}^0} \\ s_{ij}^0 = \sqrt{(\Delta x_{ij}^0)^2 + (\Delta y_{ij}^0)^2} \\ \zeta_i^0 = \dfrac{1}{n_i}\sum\limits_{j=1}^{n_i}(A_{ij}^0 - L_{ij}) \end{cases} \tag{2-56}$$

权 $p_{L_{ij}} = \dfrac{\sigma_0^2}{\sigma_{L_{ij}}^2}$，$\zeta_i^0$ 为定向角未知数的近似值。

2. 方位角观测值误差方程

$$V_{A_{ij}} = a_{ij}\mathrm{d}x_i + b_{ij}\mathrm{d}y_i - a_{ij}\mathrm{d}x_j - b_{ij}\mathrm{d}y_j + l_{A_{ij}} \tag{2-57}$$

$$l_{A_{ij}} = A_{ij}^0 - A_{ij}$$

权 $p_{A_{ij}} = \dfrac{\sigma_0^2}{\sigma_{A_{ij}}^2}$。

3. 边长观测值误差方程

$$V_{S_{ij}} = c_{ij}\mathrm{d}x_i + \mathrm{d}_{ij}\mathrm{d}y_i - c_{ij}\mathrm{d}x_j - \mathrm{d}_{ij}\mathrm{d}y_j + l_{S_{ij}} \tag{2-58}$$

$$\begin{cases} c_{ij} = -\dfrac{\Delta x_{ij}^0}{s_{ij}^0} \\ \mathrm{d}_{ij} = -\dfrac{\Delta y_{ij}^0}{s_{ij}^0} \\ l_{s_{ij}} = s_{ij}^0 - s_{ij} \end{cases} \tag{2-59}$$

权 $p_{S_{ij}} = \dfrac{\sigma_0^2}{\sigma_{s_{ij}}^2}$。

4. 二维 GPS 基线向量误差方程

$$\begin{cases} v_{\Delta x_{ij}} = -\mathrm{d}x_i + \mathrm{d}x_j - \Delta x_{ij}\cdot k_1 - \Delta y_{ij}\cdot k_2 + l_{\Delta x_{ij}} \\ v_{\Delta y_{ij}} = -\mathrm{d}y_i + \mathrm{d}y_j - \Delta y_{ij}\cdot k_1 + \Delta x_{ij}\cdot k_2 + l_{\Delta y_{ij}} \end{cases} \tag{2-60}$$

$$\begin{cases} k_1 = \mathrm{d}k\cdot\cos(\mathrm{d}\alpha) \\ k_2 = \mathrm{d}k\cdot\sin(\mathrm{d}\alpha) \end{cases} \tag{2-61}$$

$$\begin{cases} l_{\Delta x_{ij}} = \Delta x_{ij}^0 - \Delta x_{ij} \\ l_{\Delta y_{ij}} = \Delta y_{ij}^0 - \Delta y_{ij} \end{cases}$$

GPS 到地面网的尺度因子为 $K = 1 + \mathrm{d}K$，GPS 到地面网的旋转角为 $\alpha = \alpha^0 + \mathrm{d}\alpha$，根据

k_1、k_2 可反求出 k 和 α。

如果地面水平方位角、方向和 GPS 基线向量是在同一坐标系中，则可以去掉式（2-60）中的 k_1、k_2 两个参数。权 $p_{(\Delta x_{ij},\ \Delta y_{ij})} = \dfrac{\sigma_0^2}{\mathrm{cov}(\Delta x_{ij},\ \Delta y_{ij})}$。

5. 组成法方程

未知数向量为

$$X = (\mathrm{d}x_1,\ \mathrm{d}y_1,\ \mathrm{d}x_2,\ \mathrm{d}y_2,\ \cdots,\ \mathrm{d}x_n,\ \mathrm{d}y_n,\ \mathrm{d}\zeta_1,\ \mathrm{d}\zeta_2,\ \cdots,\ \mathrm{d}\zeta_{n1},\ k_1,\ k_2)^{\mathrm{T}} \tag{2-62}$$

法方程可写为

$$NX + W = 0 \tag{2-63}$$

未知数总个数为 $t = 2 \times n + n_{1+2}$，n 为未知点个数，n_1 为带有方向观测值的测站数。

对各个观测值的误差方程系数进行运算，采用"累加法"组成法方程，例如，设边长观测值个数为 ns，可以写出相应的程序代码为

```
for(i1=0;i1<ns;i1++)
{
  for(int i=0;i<t;i++)B[i]=0;      //系数阵赋初值
  i_from=(FromPointNumber-KnownPointNumber-1)*2;  //计算起点 x 坐标未知数序号
  i_to=(ToPointNumber-KnownPointNumber-1)*2;  //计算终点 x 坐标未知数序号
  dx=X[ToPointNumber-1]-X[FromPointNumber-1];
  dy=Y[ToPointNumber-1]-Y[FromPointNumber-1];
  s0=sqrt(dx*dx+dy*dy);
  B[i_from]=-dx/s0;
  B[i_from+1]=-dy/s0;
  B[i_to]=dx/s0;
  B[i_to+1]=dy/s0;
  l=s0-s[i1];  //误差方程   数项
  P=pow((sigma0/(costantError+scaleError*s0)),2);  //权
 for(int i=0;i<t;i++)
    for(int j=0;j<t;i++)N[i][j]=N[i][j]+B[i]*P*B[j];
                                        //累加到法方程系数阵中对应的元素
    for(int i=0;i<t;i++)W[i]=W[i]+B[i]*P*l;//累加到法方程常数项中对应的元素
}
```

6. 未知数求解及精度评定

$$\begin{aligned} X &= -N^{-1}W \\ Q_{XX} &= N^{-1} \end{aligned} \tag{2-64}$$

2.4.4 高程控制网

设 i、j 两点经过各项改正后的高差为 h_{ij}，相应的距离为 s_{ij}，测站数为 c_{ij}，则可写出误差方程为

$$v_{h_{ij}} = -\mathrm{d}h_i + \mathrm{d}h_j + l_{h_{ij}} \tag{2-65}$$

$$l_{h_{ij}} = h_{ij}^0 - h_{ij}$$

权 $p = \frac{1}{s_{ij}^2}$ 或 $p = \frac{1}{s_{ij}}$ 或 $p = \frac{c_0}{c_{ij}}$，s_{ij} 单位为 km，c_0 为 1km 对应的测站数。根据式（2-65）构成法方程以及后续的解算与 2.4.3 节中相关内容相似，此处不再详述。

2.4.5 三维控制网

1. *以三维空间直角坐标为未知参数的平差计算*

地面观测量有水平方向 L_{ij}、真北方位角 A_{ij}、垂直角 V_{ij}、斜距 S_{ij}、水准高差 h_{ij}、GPS 三维基线向量 $(\Delta X, \Delta Y, \Delta Z)_{ij}$，其误差方程分别介绍如下：

（1）水平方向观测值误差方程

$$V_{L_{ij}} = -\mathrm{d}\zeta_i - g_{11}^i \mathrm{d}X_i - g_{12}^i \mathrm{d}Y_i - g_{13}^i \mathrm{d}Z_i + g_{11}^j \mathrm{d}X_j + g_{12}^j \mathrm{d}Y_j + g_{13}^j \mathrm{d}Z_j + l_{L_{ij}} \tag{2-66}$$

$$g_{11}^i = \frac{\sin B_i \cos L_i \sin\alpha_{ij} - \sin L_i \cos\alpha_{ij}}{S_{ij}\cos\beta_{ij}}$$

$$g_{12}^i = \frac{\sin B_i \sin L_i \sin\alpha_{ij} + \cos L_i \cos\alpha_{ij}}{S_{ij}\cos\beta_{ij}}$$

$$g_{13}^i = -\frac{\cos B_i \sin\alpha_{ij}}{S_{ij}\cos\beta_{ij}}$$

$$l_{L_{ij}} = \alpha_{ij} - (L_{ij} + \zeta^0)$$

式中，α_{ij} 为 A_{ij} 的近似值；β_{ij} 为 V_{ij} 的近似值。类似可求得 g_{ij}^j。

（2）方位角观测值误差方程

$$V_{A_{ij}} = -g_{11}^i \mathrm{d}X_i - g_{12}^i \mathrm{d}Y_i - g_{13}^i \mathrm{d}Z_i + g_{11}^j \mathrm{d}X_j + g_{12}^j \mathrm{d}Y_j + g_{13}^j \mathrm{d}Z_j + l_{A_{ij}} \tag{2-67}$$

$$l_{A_{ij}} = \alpha_{ij} - A_{ij}$$

（3）垂直角观测值误差方程

$$V_{V_{ij}} = -g_{21}^i \mathrm{d}X_i - g_{22}^i \mathrm{d}Y_i - g_{23}^i \mathrm{d}Z_i + g_{21}^j \mathrm{d}X_j + g_{22}^j \mathrm{d}Y_j + g_{23}^j \mathrm{d}Z_j + l_{V_{ij}} \tag{2-68}$$

$$g_{21}^i = \frac{S_{ij}\cos B_i \cos L_i - \sin\beta_{ij}\Delta X}{S_{ij}^2\cos\beta_{ij}}$$

$$g_{22}^i = \frac{S_{ij}\cos B_i \sin L_i - \sin\beta_{ij}\Delta Y}{S_{ij}^2\cos\beta_{ij}}$$

$$g_{23}^i = \frac{S_{ij}\sin B_i - \sin B_i \Delta Z}{S_{ij}^2\cos\beta_{ij}}$$

$$l_{V_{ij}} = \beta_{ij} - V_{ij}$$

（4）斜距观测值误差方程

$$V_{S_{ij}} = -g_{31}^i \mathrm{d}X_i - g_{32}^i \mathrm{d}Y_i - g_{33}^i \mathrm{d}Z_i + g_{31}^j \mathrm{d}X_j + g_{32}^j \mathrm{d}Y_j + g_{33}^j \mathrm{d}Z_j + l_{S_{ij}} \tag{2-69}$$

$$g_{31}^i = \frac{\Delta X}{S_{ij}^0}$$

$$g_{32}^i = \frac{\Delta Y}{S_{ij}^0}$$

$$g_{33}^i = \frac{\Delta Z}{S_{ij}^0}$$

$$l_{S_{ij}} = S_{ij}^0 - S_{ij}$$

(5) 水准高差误差方程

$$V_{h_{ij}} = -g_{41}^{i}\mathrm{d}X_i - g_{42}^{i}\mathrm{d}Y_i - g_{43}^{i}\mathrm{d}Z_i + g_{41}^{j}\mathrm{d}X_j + g_{42}^{j}\mathrm{d}Y_j + g_{43}^{j}\mathrm{d}Z_j + l_{h_{ij}} \tag{2-70}$$

$$g_{41}^{i} = \cos B_i \cos L_i$$

$$g_{42}^{i} = -\cos B_i \sin L_i$$

$$g_{43}^{i} = \sin B_i$$

$$l_{h_{ij}} = h_{ij}^{0} + \Delta N_{ij} - h_{ij}$$

(6) GPS 三维基线向量误差方程

$$\begin{bmatrix} V_{\Delta X} \\ V_{\Delta Y} \\ V_{\Delta Z} \end{bmatrix}_{ij} = -\begin{bmatrix} \mathrm{d}X \\ \mathrm{d}Y \\ \mathrm{d}Z \end{bmatrix}_i + \begin{bmatrix} \mathrm{d}X \\ \mathrm{d}Y \\ \mathrm{d}Z \end{bmatrix}_j - \begin{bmatrix} \Delta X & 0 & -\Delta Z & \Delta Y \\ \Delta Y & \Delta Z & 0 & -\Delta X \\ \Delta Z & -\Delta Y & -\Delta X & 0 \end{bmatrix} \begin{bmatrix} m_1 \\ m_2 \\ m_3 \\ m_4 \end{bmatrix} + \begin{bmatrix} l_{\Delta X} \\ l_{\Delta Y} \\ l_{\Delta Z} \end{bmatrix}_{ij} \tag{2-71}$$

$$\begin{bmatrix} l_{\Delta X} \\ l_{\Delta Y} \\ l_{\Delta Z} \end{bmatrix}_{ij} = \begin{bmatrix} \Delta X_{ij}^{0} - \Delta X_{ij} \\ \Delta Y_{ij}^{0} - \Delta Y_{ij} \\ \Delta Z_{ij}^{0} - \Delta Z_{ij} \end{bmatrix}$$

式中，$m_1 = \mathrm{d}k$，$m_2 = m_1 \cdot \varepsilon_X$，$m_3 = m_1 \cdot \varepsilon_Y$，$m_4 = m_1 \cdot \varepsilon_z$。

GPS 到地面网的尺度因子为 $K = 1 + \mathrm{d}K$，根据 m_1、m_2、m_3、m_4 可反求出 k 和 ε_X，ε_Y，ε_Z 。如果所有观测值都是在同一个空间直角坐标系中，则可去掉与 m_1、m_2、m_3、m_4 有关的项。

2. 以三维大地坐标为未知参数的平差计算

把 (X, Y, Z) 对应的参数项 $(\mathrm{d}X, \mathrm{d}Y, \mathrm{d}Z)$ 转换为 (B, L, H) 相应的参数项 $(\mathrm{d}B, \mathrm{d}L, \mathrm{d}H)$，从而可以导出以三维大地坐标为未知参数的平差计算的观测值误差方程：

$$\begin{bmatrix} X \\ Y \\ Z \end{bmatrix} = \begin{bmatrix} (N+H)\cos B\cos L \\ (N+H)\cos B\sin L \\ [(1-e^2)N+H]\sin B \end{bmatrix} \tag{2-72}$$

求微分，可以得到

$$\begin{bmatrix} \mathrm{d}X \\ \mathrm{d}Y \\ \mathrm{d}Z \end{bmatrix} = J \begin{bmatrix} \mathrm{d}B \\ \mathrm{d}L \\ \mathrm{d}H \end{bmatrix} \tag{2-73}$$

$$J = \begin{bmatrix} -(M+H)\sin B\cos L & -(N+H)\cos B\sin L & \cos B\cos L \\ -(M+H)\sin B\sin L & (N+H)\cos B\cos L & \cos B\sin L \\ (M+H)\cos B & 0 & \sin B \end{bmatrix} \tag{2-74}$$

根据 $G \cdot \mathrm{d}X = G \cdot J \cdot \mathrm{d}B$ ，可得出各个观测值的误差方程的系数。

(1) 水平方向观测值误差方程

$$V_{L_{ij}} = -\mathrm{d}\zeta_i - f_{11}^{i}\mathrm{d}B_i - f_{12}^{i}\mathrm{d}L_i - f_{13}^{i}\mathrm{d}H_i + f_{11}^{j}\mathrm{d}B_j + f_{12}^{j}\mathrm{d}L_j + f_{13}^{j}\mathrm{d}H_j + l_{L_{ij}} \tag{2-75}$$

$$f_{11}^{i} = -\frac{(M+H)\sin\alpha_{ij}}{S_{ij}\cos\beta_{ij}}$$

$$f_{12}^{i} = \frac{(N+H)\cos B_i\cos\alpha_i}{S_{ij}\cos\beta_{ij}}$$

$$f_{13}^{i} = 0$$

$$l_{L_{ij}} = \alpha_{ij} - (L_{ij} + \zeta^0)$$

（2）方位角观测值误差方程

$$V_{A_{ij}} = -f^{i}_{11}\mathrm{d}B_i - f^{i}_{12}\mathrm{d}L_i - f^{i}_{13}\mathrm{d}H_i + f^{j}_{11}\mathrm{d}B_j + f^{j}_{12}\mathrm{d}L_j + f^{j}_{13}\mathrm{d}H_j + l_{A_{ij}} \tag{2-76}$$

$$l_{A_{ij}} = \alpha_{ij} - A_{ij}$$

（3）垂直角观测值误差方程

$$V_{V_{ij}} = -f^{i}_{21}\mathrm{d}B_i - f^{i}_{22}\mathrm{d}L_i - f^{i}_{23}\mathrm{d}H_i + f^{j}_{21}\mathrm{d}B_j + f^{j}_{22}\mathrm{d}L_j + f^{j}_{23}\mathrm{d}H_j + l_{V_{ij}} \tag{2-77}$$

$$f^{i}_{21} = -\frac{(M+H)\cos\alpha_{ij}\sin\beta_{ij}}{S_{ij}}$$

$$f^{i}_{22} = -\frac{(N+H)\cos B_i\sin\alpha_{ij}\sin\beta_{ij}}{S_{ij}}$$

$$f^{i}_{23} = \frac{\cos\beta_{ij}}{S_{ij}}$$

$$l_{V_{ij}} = \beta_{ij} - V_{ij}$$

（4）斜距观测值误差方程

$$V_{S_{ij}} = -f^{i}_{31}\mathrm{d}B_i - f^{i}_{32}\mathrm{d}L_i - f^{i}_{33}\mathrm{d}H_i + f^{j}_{31}\mathrm{d}B_j + f^{j}_{32}\mathrm{d}L_j + f^{j}_{33}\mathrm{d}H_j + l_{S_{ij}} \tag{2-78}$$

$$f^{i}_{31} = (M+H)\cos\alpha_{ij}\cos\beta_{ij}$$

$$f^{i}_{32} = (N+H)\cos B_i\sin\alpha_{ij}\cos\beta_{ij}$$

$$f^{i}_{33} = \sin\beta_{ij}$$

$$l_{S_{ij}} = S^0_{ij} - S_{ij}$$

（5）水准高差误差方程

$$V_{h_{ij}} = -\mathrm{d}H_i + \mathrm{d}H_j + l_{h_{ij}} \tag{2-79}$$

$$l_{h_{ij}} = h^0_{ij} + \Delta N_{ij} - h_{ij}$$

（6）GPS 三维基线向量误差方程

$$\begin{bmatrix} V_{\Delta X} \\ V_{\Delta Y} \\ V_{\Delta Z} \end{bmatrix}_{ij} = -J_i\begin{bmatrix} \mathrm{d}B \\ \mathrm{d}L \\ \mathrm{d}H \end{bmatrix}_i + J_j\begin{bmatrix} \mathrm{d}B \\ \mathrm{d}L \\ \mathrm{d}H \end{bmatrix}_j - \begin{bmatrix} \Delta X & 0 & -\Delta Z & \Delta Y \\ \Delta Y & \Delta Z & 0 & -\Delta X \\ \Delta Z & -\Delta Y & -\Delta X & 0 \end{bmatrix}\begin{bmatrix} m_1 \\ m_2 \\ m_3 \\ m_4 \end{bmatrix} + \begin{bmatrix} l_{\Delta X} \\ l_{\Delta Y} \\ l_{\Delta Z} \end{bmatrix}_{ij} \tag{2-80}$$

式中，$\begin{bmatrix} l_{\Delta X} \\ l_{\Delta Y} \\ l_{\Delta Z} \end{bmatrix}_{ij} = \begin{bmatrix} \Delta X^0_{ij} - \Delta X_{ij} \\ \Delta Y^0_{ij} - \Delta Y_{ij} \\ \Delta Z^0_{ij} - \Delta Z_{ij} \end{bmatrix}$

$m_1 = \mathrm{d}k$，$m_2 = m_1 \cdot \varepsilon_X$，$m_3 = m_1 \cdot \varepsilon_Y$，$m_4 = m_1 \cdot \varepsilon_z$。

GPS 到地面网的尺度因子为 $K = 1 + \mathrm{d}K$，根据 m_1、m_2、m_3、m_4 可反求出 k 和 ε_X、ε_Y、ε_Z。如果所有观测值都是在同一个空间直角坐标系中，则可去掉与 m_1、m_2、m_3、m_4 有关的项。

2.5 粗差探测

在许多情况下，只要小心谨慎地工作，采取适当方法和观测措施，是可以避免粗差的。但在现代化的测量数据采集传输和自动化处理过程中，由于种种原因，可能产生粗差，如果不及时处理，将使平差结果受到严重歪曲。

本节介绍荷兰巴尔达（Baarda）教授提出的数据探测法进行粗差探测，该方法适用于观测值不相关的情况。

2.5.1 数据探测法原理

将标准化残差作为统计量，以标准化残差的大小判断观测值是否存在粗差，然后将标准化残差超限的观测值剔除后重新平差。由于最小二乘平差的牵连作用，一个观测值若含有粗差，会使多个观测值的标准化残差超出限差，实际计算中并不是将所有超出限差的观测值都作为含粗差的观测值剔除，而是将绝对值最大且超出限差的观测值剔除，然后重新平差，再进行数据探测，直到所有的标准化残差均不超限为止。最后，用没有粗差的观测值平差作为最终的平差结果。

2.5.2 平差公式与算法

下面以间接平差为例，说明数据探测法的具体算法。

设误差方程为

$$V = B\hat{x} - l \tag{2-81}$$

按间接平差原理可以得到参数 $\hat{x}$ 的最小二乘解为

$$\hat{x} = (B^{\mathrm{T}}PB)^{-1}B^{\mathrm{T}}Pl \tag{2-82}$$

将式（2-82）代入式（2-81），可求得最小二乘残差 V。V 的权逆阵为

$$Q_V = Q - B(B^{\mathrm{T}}PB)^{-1}B^{\mathrm{T}} \tag{2-83}$$

Q_V 的对角线元素 $q_{v_1}, q_{v_2}, \cdots, q_{v_n}$ 是观测值残差 $v_1, v_2, \cdots, v_n$ 的权倒数。当观测值独立时，

$$q_{v_i} = \frac{1}{p_i} - B_i(B^{\mathrm{T}}PB)^{-1}B_i^{\mathrm{T}} \tag{2-84}$$

式中，$\frac{1}{p_i}$ 是观测值 L_i 的权倒数；A_i 是 A 的第 i 行；$B_i(B^{\mathrm{T}}PB)^{-1}B_i^{\mathrm{T}}$ 可用权倒数计算函数完成。

观测值残差 v_i 的方差为

$$\sigma_{v_i}^2 = \sigma_0^2 q_{v_i} \tag{2-85}$$

标准化残差为

$$\bar{v}_i = \frac{v_i}{\sqrt{\sigma_{v_i}^2}} \tag{2-86}$$

当观测值没有粗差时，$\bar{v}_i$ 是服从标准正态分布的随机变量。当 $|\bar{v}_i|$ 大于给定的限值（例如 2 或 3）时，即认定观测值 L_i 存在粗差。

2.5.3 粗差探测步骤

①计算最小二乘平差，求得参数的平差值及其权逆阵；

②计算观测值的最小二乘残差；

③计算每个观测值残差的权倒数及方差；

④计算每个观测值的标准化残差，并找出绝对值最大的标准化残差；

⑤判断绝对值最大的标准化残差是否超出限差，若超出限差，则将该观测值剔除，然后转至步骤，开始下一轮的搜索；反之，若绝对值最大的标准化残差不超限，则结束搜索，用保留的观测值进行最小二乘平差。

2.6 方差分量估计

利用预平差的改正数 V，按验后估计各类观测量验前方差的方法，最早是由赫尔默特提出的。若各类观测量之间相互独立，即观测量的方差阵是拟对角型矩阵，称为方差估计，或称为方差分量估计。本节介绍的方差分量估计方法是由 Welsch 推证的赫尔默特方差分量估计法。

2.6.1 估计公式

设在 L 中包含有两类相互独立的观测值 $\underset{n_1\times1}{L_1}$ 和 $\underset{n_2\times1}{L_2}$，它们的权阵分别为 $\underset{n_1\times n_1}{P_1}$ 和 $\underset{n_2\times n_2}{P_1}$，并且 $P_{12}=0$，根据间接平差原理，可知误差方程分别为

$$\begin{cases}V_1 = B_1\hat{X} - L_1\\ V_2 = B_2\hat{X} - L_2\end{cases} \tag{2-87}$$

且有下列关系式：

$$L=\begin{bmatrix}L_1\\L_2\end{bmatrix},\ V=\begin{bmatrix}V_1\\V_2\end{bmatrix},\ B=\begin{bmatrix}B_1\\B_2\end{bmatrix},\ P=\begin{bmatrix}P_1 & 0\\0 & P_2\end{bmatrix}$$

$$N = B^{\mathrm{T}}PB = B_1^{\mathrm{T}}P_1B_1 + B_2^{\mathrm{T}}P_2B_2 = N_1 + N_2$$

$$W = B^{\mathrm{T}}PL = B_1^{\mathrm{T}}P_1L_1 + B_2^{\mathrm{T}}P_2L_2 = W_1 + W_2$$

通过公式推导，两类观测值按间接平差时的赫尔默特估算公式为

$$\underset{2\times2}{S}\ \underset{2\times1}{\hat{\theta}} = \underset{2\times1}{W_\theta} \tag{2-88}$$

式中，

$$S=\begin{bmatrix}n_1-2\mathrm{tr}(N^{-1}N_1)+\mathrm{tr}\,(N^{-1}N_1)^2 & \mathrm{tr}(N^{-1}N_1N^{-1}N_2)\\ \mathrm{tr}(N^{-1}N_1N^{-1}N_2) & n_2-2\mathrm{tr}(N^{-1}N_2)+\mathrm{tr}\,(N^{-1}N_2)^2\end{bmatrix}$$

$$\hat{\theta}=\begin{bmatrix}\hat{\sigma}_{0_1}^2 & \hat{\sigma}_{0_2}^2\end{bmatrix}^{\mathrm{T}},\ W_\theta=[V_1^{\mathrm{T}}P_1V_1 \quad V_2^{\mathrm{T}}P_2V_2]^{\mathrm{T}}$$

其解为 $\hat{\theta}=S^{-1}W_\theta$。

同理，可得 m 类观测值的赫尔默特估计公式为

$$\underset{m\times m}{S}\ \underset{m\times1}{\hat{\theta}} = \underset{m\times1}{W_\theta} \tag{2-89}$$

其解为 $\hat{\theta}=S^{-1}W_\theta$。

2.6.2 方差分量估计的计算步骤

①将观测值按等级或按不同观测来源分类，并进行验前权估计，即确定各类观测值的

权的初值 $P_1, P_2, \cdots, P_m$；

②进行第一次平差，求得 $V_i^{\mathrm{T}} P_i V_i$；

③按赫尔默特公式进行第一次方差分量估计，求得各类观测值单位权方差的第一次估值 $\hat{\sigma}_{0_1}^2$，再依下式定权：

$$\hat{P}_i = \frac{c}{\hat{\sigma}_{0_i}^2 P_i^{-1}}$$

式中，c 为任一常数，一般是选 $\hat{\sigma}_{0_i}^2$ 中的某一个值；

④反复进行第二项和第三项，即平差—方差分量估计—定权后再平差，直至

$$\hat{\sigma}_{0_1}^2 = \hat{\sigma}_{0_2}^2 = \cdots = \hat{\sigma}_{0_m}^2$$

为此，通过必要的检验认为各类单位权方差之比等于 1 为止。

2.7 高斯投影正反算

在工程控制网中，一般采用高斯平面直角坐标表达控制点的位置，高斯平面直角坐标与大地经纬度之间采用高斯投影正反算公式进行相互转换，借助于高斯投影正反算公式，还可以实现控制点坐标的换带计算和投影面变换。

高斯投影正算公式为

$$\left\{\begin{aligned} x &= X + \frac{N}{2}\sin B\cos B l^2 + \frac{N}{24}\sin B\cos^3 B(5 - t^2 + 9\eta^2 + 4\eta^4) l^4 + \\ &\quad \frac{N}{720}\sin B\cos^5 B(61 - 58t^2 + t^4) l^6 \\ y &= N\cos B l + \frac{N}{6}\cos^3 B(1 - t^2 + \eta^2) l^3 + \\ &\quad \frac{N}{120}\cos^5 B(5 - 18t^2 + t^4 + 14\eta^2 - 58t^2\eta^2) l^5 \end{aligned}\right. \tag{2-90}$$

高斯投影反算公式为

$$\left\{\begin{aligned} B &= B_f - \frac{t_f}{2M_f N_f} y^2 + \frac{t_f}{24M_f N_f^3}(5 + 3t_f^2 + \eta_f^2 - 9\eta_f^2 t_f^2) y^4 - \\ &\quad \frac{t_f}{720M_f N_f^5}(61 + 90t_f^2 + 45t_f^4) y^6 \\ l &= \frac{1}{N_f\cos B_f} y - \frac{1}{6N_f^3\cos B_f}(1 + 2t_f^2 + \eta_f^2) y^3 + \\ &\quad \frac{1}{120N_f^5\cos B_f}(5 + 28t_f^2 + 6\eta_f^2 + 24t_f^4 + 8t_f^2\eta_f^2) y^5 \end{aligned}\right. \tag{2-91}$$

下面给出 C++编程实现高斯投影正反算的程序代码：

```
#include<math. h>
#include<stdio. h>
#include<stdlib. h>
#include<malloc. h>
```

```
#define PI 3.141592653589793

double DMS2RAD(double dmsAngle)
{
    int degAngle,minAngle,sign;
    double radAngle,secAngle;
    sign=1;
    if(dmsAngle<0)
    {
        sign=-1;
        dmsAngle=fabs(dmsAngle);
    }
    degAngle=(int)(dmsAngle+0.0001);
    minAngle=(int)((dmsAngle-degAngle) * 100+0.0001);
    secAngle=(dmsAngle-degAngle-minAngle/100.0) * 10000.0;
    radAngle=(degAngle+minAngle/60.0+secAngle/3600.0) * PI/180.0;
    radAngle=radAngle * sign;
    return radAngle;
}

double RAD2DMS(double radAngle)
{
    int degAngle,minAngle,sign;
    double secAngle,dmsAngle;
    sign=1;
    if(radAngle<0)
    {
        sign=-1;
        radAngle=fabs(radAngle);
    }
    secAngle=radAngle * 180.0/PI * 3600.0;
    degAngle=(int)(secAngle/3600+0.0001);
    minAngle=(int)((secAngle-degAngle * 3600.0)/60.0+0.0001);
    secAngle=secAngle-degAngle * 3600.0-minAngle * 60.0;
    if(secAngle<0)   secAngle=0;
    dmsAngle=degAngle+minAngle/100.0+secAngle/10000.0;
    dmsAngle=dmsAngle * sign;
    return dmsAngle;
}
```

```
void a0a2a4a6a8(double a,double e,double * Coeficient_a0)
{
    double m0,m2,m4,m6,m8;
    m0=a * (1-e * e);
    m2=3 * e * e * m0/2;
    m4=5 * e * e * m2/4;
    m6=7 * e * e * m4/6;
    m8=9 * e * e * m6/8;
  /* 计算 a0 a2 a4 a6 a8 */
    Coeficient_a0[0]=m0+m2/2+3 * m4/8+5 * m6/16+35 * m8/128;
    Coeficient_a0[1]=m2/2+m4/2+15 * m6/32+7 * m8/16;
    Coeficient_a0[2]=m4/8+3 * m6/16+7 * m8/32;
    Coeficient_a0[3]=m6/32+m8/16;
    Coeficient_a0[4]=m8/128;
}
void  main()
{ int h,k;
    double a,Alfa;
    double dmslat,dmslon,dmsl0;
    double a0 ,a2 ,a4,a6,a8;
    double radlat,radlon,radl0,l;
    double b,t,sb,cb,ita,e1,e;
    double X,l0;
    double N,c,v;
    double coor_x,coor_y;
    double Bf0,Bf1,dB,FBf,bf;
    double  itaf,tf;
    double Nf,Mf;
    double B,L,dietaB,dietal;
    double sinBf,cosBf;
    double * Coeficient_a0;

    Coeficient_a0=(double * )malloc(5 * sizeof(double));

    printf("正算请选择 1,  反算请选择 2:\n");
    scanf("%d",&k);
    if(k==1)//正算
    {printf("请选择坐标系:\n");
    printf("选择 WGS-84 坐标系,请按 1\n");
    printf("选择 BJ-54 坐标系,请按 2\n");
```

```
printf("选择 GDZ-80 坐标系,请按 3\n");
printf("其他坐标系,请按 4\n");
scanf("%d",&h);
if(h==1)   a=6378137,Alfa=1.0/298.257223563;
if(h==2)   a=6378245,Alfa=1.0/298.3;
if(h==3)   a=6378140,Alfa=1.0/298.257;
if(h==4)
{
    printf("输入椭球长轴:");
    scanf("%lf",&a);
    printf("输入椭球扁率分母:");
scanf("%lf",&Alfa);
    Alfa=1.0/Alfa;
}

/*输入已知数据:经度\纬度\中央子午线*/
printf("请输入已知点纬度:\n");
scanf("%lf",&dmslat);
printf("请输入已知点经度:\n");
scanf("%lf",&dmslon);
printf("请输入中央子午线经度:\n");
scanf("%lf",&dmsl0);
/*将角度转化为弧度*/
radlat=DMS2RAD(dmslat);
radlon=DMS2RAD(dmslon);
radl0=DMS2RAD(dmsl0);
l=radlon-radl0;

/*计算椭球的基本参数和中间变量*/
b=a*(1-Alfa);
sb=sin(radlat);
cb=cos(radlat);
t=sb/cb;
e1=sqrt((a/b)*(a/b)-1);
e=sqrt(1-(b/a)*(b/a));
ita=e1*cb;

/*计算 a0   a2   a4   a6   a8*/
a0a2a4a6a8(a,e,Coeficient_a0);
a0=Coeficient_a0[0];
```

```
        a2=Coeficient_a0[1];
        a4=Coeficient_a0[2];
        a6=Coeficient_a0[3];
        a8=Coeficient_a0[4];

    /*计算 X*/
        X=a0*radlat-sb*cb*((a2-a4+a6)+(2*a4-16*a6/3)*sb*sb+16*a6*pow
(sb,4)/3.0);
    /*计算卯酉圈半径 N*/
        c=a*a/b;
        v=sqrt(1+e1*e1*cb*cb);
      N=c/v;

    /*计算未知点的坐标*/
        coor_x=X+N*sb*cb*l*l/2+N*sb*pow(cb,3)*(5-t*t+9*ita*ita+4*
pow(ita,4))*pow(l,4)/24+N*sb*pow(cb,5)*(61-58*t*t+pow(t,4))*pow(l,6)/
720;
        coor_y=N*cb*l+N*pow(cb,3)*(1-t*t+ita*ita)*pow(l,3)/6+N*pow(cb,
5)*(5-18*t*t+pow(t,4)+14*ita*ita-58*ita*ita*t*t)*pow(l,5)/120;

    /*输出未知点坐标*/
      printf("coor_x=%.4lf\n",coor_x);
      printf("coor_y=%.4lf\n",coor_y);
    }

        if(k==2)//反算
        {printf("请选择坐标系:\n");
        printf("选择 WGS-84 坐标系,请按 1\n");
        printf("选择 BJ-54 坐标系,请按 2\n");
        printf("选择 GDZ-80 坐标系,请按 3\n");
        printf("其他坐标系,请按 4\n");
        scanf("%d",&h);
        if(h==1)   a=6378137,Alfa=1.0/298.257223563;
        if(h==2)   a=6378245,Alfa=1.0/298.3;
        if(h==3)   a=6378140,Alfa=1.0/298.257;
        if(h==4)
        {
            scanf("输入椭球长轴:%lf",&a);
            scanf("输入椭球扁率分母:%lf",&Alfa);
            Alfa=1.0/Alfa;
```

```
    }

  /*输入 l0,已知点坐标*/
    printf("请输入 l0:\n");
    scanf("%lf",&l0);l0=l0*PI/180.0;
    printf("请输入 x 坐标:\n");
    scanf("%lf",&coor_x);
    printf("请输入 y 坐标:\n");
    scanf("%lf",&coor_y);

  /*计算 b,e1,e*/
    b=a*(1-Alfa);
    e1=sqrt((a/b)*(a/b)-1);
    e=sqrt(1-(b/a)*(b/a));

  /*计算 a0  a2  a4  a6  a8*/
    a0a2a4a6a8(a,e,Coeficient_a0);
    a0=Coeficient_a0[0];
    a2=Coeficient_a0[1];
    a4=Coeficient_a0[2];
    a6=Coeficient_a0[3];
    a8=Coeficient_a0[4];
    X=coor_x;
    Bf0=X/a0;

    do
    {
      sinBf=sin(Bf0);cosBf=cos(Bf0);
      FBf=-sinBf*cosBf*((a2-a4+a6)+(2.0*a4-16.0*a6/3.0)*sinBf*sinBf+
         (16.0/3.0)*a6*(sinBf*sinBf*sinBf*sinBf));
      Bf1=(X-FBf)/a0;
      dB=Bf1-Bf0;
      Bf0=Bf1;
    }while(fabs(dB*180.0/PI*3600.0)>0.00001);

    bf=Bf1;
  /*计算 c,v,N,M*/
    c=a*a/b;
    v=sqrt(1+e1*e1*cos(bf)*cos(bf));
    Nf=c/v;
```

```
        Mf=c/(v*v*v);
        tf=sin(bf)/cos(bf);
        itaf=e1*cos(bf);

    /*计算 dietaB,dietal*/
        dietaB=tf*coor_y*coor_y/(2*Mf*Nf)-tf*(5+3*tf*tf+itaf*itaf-9*tf*tf*
itaf*itaf)*pow(coor_y,4)/
            (24*Mf*pow(Nf,3))+(61+90*tf*tf+45*pow(tf,4))*pow(coor_y,6)/
(720*Mf*pow(Nf,5));
        dietal=coor_y/(Nf*cos(bf))*(1-(1+2*tf*tf+itaf*itaf)*coor_y*coor_y/(6*
Nf*Nf)+(5+28*tf*tf+
            24*pow(tf,4))*pow(coor_y,4)/(120*pow(Nf,4)));
        B=bf-dietaB;
        L=l0+dietal;
        dmslat=RAD2DMS(B);
        dmslon=RAD2DMS(L);
        printf("已知点的纬度(ddd.mmss)为:%15.9lf\n",dmslat);
        printf("已知点的经度(ddd.mmss)为:%15.9lf\n",dmslon);
        }
    }
```

第3章　平面控制网平差软件

3.1　概述

由任意多边形构成的，且不要求观测其全部角度（或方向）和边长的平面控制网，称为任意边角网。容易理解，布设这种边角网时，只要不产生“形亏”现象，就能确定网中所有点的相对位置；如果有足够的起算数据，就可以确定各点的绝对位置。

在实际工作中，布设任意边角网的优点是布网灵活，对通视条件的要求较低，可以减少选点的困难。任意边角网的缺点是推算近似坐标较为复杂。

为了确定边、角观测的权比，必须已知 σ_{β}^{2} 和 $\sigma_{S_i}^{2}$，但它们一般在平差前是无法精确知道的，所以采用按经验定权的方法，即采用厂方给定的测角、测距仪器的标准精度或者是经验数据。为了使测角、测距观测值的权最佳匹配，应采用第2章2.6节中方差分量估计的方法确定这两类观测值的方差因子。

随着测量技术和方法的发展变化，建立控制网的方式也在不断变革，出现了各种各样的平面控制网网形，如经典的三角网、灵活的导线网、边角全测的变形监测网、自由设站的高铁CPIII控制网等，精密工程测量控制网对数据处理软件提出了更高的要求，世界各国测量领域的专家和技术人员都非常重视控制网数据处理软件的设计，国外具有代表性的控制网数据处理软件有德国的GL-Survey、荷兰的MOVE3、加拿大的Geolab、俄罗斯的ARMIG，这些软件都具有全站仪、水准仪、GPS接收机等观测量的控制网平差功能；在国内，武汉大学、同济大学、清华大学、西南交通大学、南方测绘等研制了各具特色的控制网数据处理软件。

对于边角观测值构成的平面控制网，数据处理软件功能可用表3-1表达。

表3-1

项目	数据预处理	平差计算	工具	输出	窗口	帮助
新建文件	生成近似坐标文件	平面网	控制网设计	成果报告		
打开文件	概算		闭合差计算			
保存文件	粗差探测		坐标转换			
另存为	方差分量估计		网图显绘			
关闭文件						
——						
新建项目						

续表

项目	数据预处理	平差计算	工具	输出	窗口	帮助
打开项目						
项目属性						
关闭项目						
——						
导入						
导出						
——						
退出						

3.2 平面控制网平差计算主程序实例

本节将平面网平差计算程序设计为一个 C++类，类名为 CAdjustment，全部计算内容均封装在 CAdjustment 中。

3.2.1 类设计及定义

```
class CAdjustment
{
public:
    CAdjustment();
    virtual ~CAdjustment();
public:
    CRead ReadIN2;

    int ObserveStationNumber;
    int OrientOfdirectionNumber,AzimuthNumber,KazimuthNumber;
    int SideNumber,DirectionNumber,KsideNumber;
    int UnknownPointNumber,ObsNum,KPointNum;
    int Flag_weight;
    double Cigma0,Cigma,PVV;
    double CC0;
    int RiNum;

public:
    double * RelativeEmax, * RelativeFmin, * RelativeAngleOfEmax;
    double * AzimuthOfside, * LenghtOfside, * AzimuthMSE, * SideMSE;
    double * Emax, * Fmin;
```

```
    double * AngleOfEmax, * AngleOfFmin;
    double * mx, * my, * Mxy;

public:
    CStringArray ObserveStationName;
    CArray<int,int>StationNumberWithObserve;
    CStringArray PointName;
    CArray<int,int>Flag_Orient;
    CArray<double,double>AdjustedValueX;
    CArray<double,double>AdjustedValueY;
    CArray<double,double>ApproX;
    CArray<double,double>ApproY;

public:
    Matrix Bxsmatrix,Lcsmatrix,WeightP;
    Matrix conNbb;
    Matrix paraXY,correctionV;
    Matrix ObserveAdjustedValue;
    Matrix Rimatrix;

public:
    BOOL PointErrorEllipse(CString PointName,double &E,double &F,double &T);
    BOOL RelativeEllipse(CString FromPN,CString ToPN,double &E,double &F,double
&T);
    BOOL GetDataInformation(int flag);
    BOOL GetAjustedInformation(void);
    BOOL AdjustResult(int flag=0);
    BOOL RelativeEllipse(void);
    BOOL OutResult(int flag);

};
```

3.2.2 类成员函数的实现

```
//////////////////////////////////////////////////////////////////////
//Construction/Destruction
//////////////////////////////////////////////////////////////////////

CAdjustment::CAdjustment()
{
    Flag_weight=0;
```

```
    OrientOfdirectionNumber=0;
    AzimuthNumber=0;
    KazimuthNumber=0;
    SideNumber=0;
    DirectionNumber=0;
    KsideNumber=0;
    RiNum=0;
    CC0    =0.0;
}

CAdjustment::~CAdjustment()
{}

BOOL CAdjustment::GetDataInformation(int flag)
{
    int i=0;
    if(! ReadIN2.ReadData(flag))
    {
        return FALSE;
    }
    ObserveStationNumber=0;
    int SOO,EOO,PlusFstartend;
    int k0=0;

    for(i=0;i<ReadIN2.ObsStationNumber;i++)
    {
        k0=0;
        while(1){
            if(ReadIN2.ObsStationName[i]==ReadIN2.StationName[k0])
            {
                break;
            }
            k0++;
        }
        SOO=ReadIN2.StartObserveOrder.GetAt(k0);
        EOO=ReadIN2.EndObserveOrder.GetAt(k0);
        if(SOO<=EOO)
        {
            PlusFstartend=EOO-SOO+1;
              StationNumberWithObserve.SetAtGrow(ObserveStationNumber, PlusFstart-
```

```
end);
                ObserveStationName.SetAtGrow(ObserveStationNumber,ReadIN2.ObsStation
Name[i]);
                ObserveStationNumber++;
            }
        }
        int j,tmn=0;
        long int sum;

        OrientOfdirectionNumber=0;
        AzimuthNumber=0;
        DirectionNumber=0;
        SideNumber=0;
        KsideNumber=0;
        sum=0;
        ObsNum=0;

        for(i=0;i<ObserveStationNumber;i++)
        {
            tmn=0;
            for(j=0;j<StationNumberWithObserve[i];j++)
            {
                if(ReadIN2.ObserveType[j+sum]=='L')
                {
                    tmn++;
                    DirectionNumber++;
                    /* ObsNum++; */
                }
                if(ReadIN2.ObserveType[j+sum]=='S')
                {
                    if(ReadIN2.PrecValue[j+sum]<0.1)
                    {
                        KsideNumber++;
                    }
                    if(ReadIN2.ObserveValue[j+sum]>0)
                    {
                        SideNumber++;
                    }
                }
                if(ReadIN2.ObserveType[j+sum]=='A')
```

```
            {
                AzimuthNumber++;
            }
        }
        if(tmn>0)
        {
            Flag_Orient. SetAtGrow(i,1);
            OrientOfdirectionNumber++;
        }
        else Flag_Orient. SetAtGrow(i,0);

        sum=sum+StationNumberWithObserve[i];
    }

    UnknownPointNumber=ReadIN2. StationNumber-ReadIN2. KnownPointNumber;
    ObsNum=ReadIN2. ObserveNumber;
    KPointNum=ReadIN2. KnownPointNumber;

    return TRUE;
}

BOOL CAdjustment::GetAjustedInformation(void)
{
    //------------------construct error equation--------------------
    Matrix Nbb,BTPxsmatrix,BTPL;

    int i,j,sum,inpesduSideNum;
    int k0,k1,k2,k3;
    double deltX0,deltY0,arfa0,arfa1;
    double OrientAngle,approS;
    double AzimuthWeight,KSideWeight;
    double AzimuthAngle;
    double MaxV=0,MaxV1=0,CountTime=0;//迭代限值

    Bxsmatrix. SetSize(ObsNum,2 * UnknownPointNumber+OrientOfdirectionNumber);
    Lcsmatrix. SetSize(ObsNum,1);
    WeightP. SetSize(ObsNum,ObsNum);
    //初始化误差系数、常数项和权矩阵
    Bxsmatrix. Null();
    Lcsmatrix. Null();
```

```
WeightP. Null( );

PI=3. 141592653589793;

for(i=0;i<ReadIN2. StationNumber;i++)
{
    ApproX. SetAtGrow(i,ReadIN2. X[i]);
    ApproY. SetAtGrow(i,ReadIN2. Y[i]);
}

while(1)
{
    sum=0;
    k3=0;
    //单位权中误差
    //60 进制 100 进制
    if(Glb_Config. m_nDgreeType==0)
    {
        Cigma0=ReadIN2. DirectionPrec[0];
    }
    else
    {
        Cigma0=ReadIN2. DirectionPrec[0] * 0. 324;
    }

    inpesduSideNum=0;

    for(i=0;i<ObserveStationNumber;i++)
    {
        k0=0;
        while(1)
        {
            if(ObserveStationName[i]==ReadIN2. StationName[k0]){
                break;}
            k0++;
        }
        if(Flag_Orient[i]==1)//判断该测站是否有定向角
        {
            OrientAngle=0;
            for(j=0;j<StationNumberWithObserve[i];j++)
```

```
				{
				k2 = ReadIN2. TargetOrder[ j+sum ] ;
				deltX0 = ReadIN2. X[ k2 ] -ReadIN2. X[ k0 ] ;
				deltY0 = ReadIN2. Y[ k2 ] -ReadIN2. Y[ k0 ] ;
				arfa1 = atan2( deltY0 , deltX0 ) ;
				if( arfa1 <0 ) {
				  arfa1 = 2 * PI+arfa1 ;//方位角的象限的判断
				}
				if( ReadIN2. ObserveType[ j+sum ] = = 'L' ) {
				    OrientAngle = ( arfa1 -ReadIN2. ObserveValue[ j+sum ] ) ;
				    break ;
				}
			}
		}
		for( j = 0 ; j<StationNumberWithObserve[ i ] ; j++ )
		{
			k1 = ReadIN2. TargetOrder[ j+sum ] ;
			deltX0 = ReadIN2. X[ k1 ] -ReadIN2. X[ k0 ] ;
			deltY0 = ReadIN2. Y[ k1 ] -ReadIN2. Y[ k0 ] ;
			approS = sqrt( deltX0 * deltX0+deltY0 * deltY0 ) ;
			arfa0 = atan2( deltY0 , deltX0 ) ;
			if( arfa0<0 ) {
			    arfa0 = 2 * PI+arfa0 ;
			}
			//参数单位为 cm
			if( ReadIN2. ObserveType[ j+sum ] = = 'L' )//观测方位角大于 2PI 转化到 0
			                                            至 2PI 之间
			{
				AzimuthAngle = ReadIN2. ObserveValue[ j+sum ] +OrientAngle ;
				if( AzimuthAngle> = 2 * PI) {
				    AzimuthAngle = AzimuthAngle-2 * PI ;
				}
			}
		if( ReadIN2. ObserveType[ j+sum ] = = 'S'&& ReadIN2. ObserveValue[ j+sum ] <
0) {
			inpesduSideNum++ ;//统计非观测值个数
		}
		if( k0> = KPointNum && k1> = KPointNum)//测站点和照准点都是未知点
			{
			if( ReadIN2. ObserveType[ j+sum ] = = 'L' )
```

```
    {
        Bxsmatrix(j+sum,2 * (k0-KPointNum)) = pp * deltY0/(approS * approS *
      100);
        Bxsmatrix(j+sum,2 * (k0-KPointNum)+1) = -pp * deltX0/(approS * ap-
      proS * 100);
        Bxsmatrix(j+sum,2 * (k1-KPointNum)) = -pp * deltY0/(approS * approS
      * 100);
        Bxsmatrix(j+sum,2 * (k1-KPointNum)+1) = pp * deltX0/(approS * approS
      * 100);
    }
    if(ReadIN2.ObserveType[j+sum] == 'S' && ReadIN2.ObserveValue[j+sum] >
  0)
    {
        Bxsmatrix(j+sum,2 * (k0-KPointNum)) = -deltX0/approS;
        Bxsmatrix(j+sum,2 * (k0-KPointNum)+1) = -deltY0/approS;
        Bxsmatrix(j+sum,2 * (k1-KPointNum)) = deltX0/approS;
        Bxsmatrix(j+sum,2 * (k1-KPointNum)+1) = deltY0/approS;
    }
    if(ReadIN2.ObserveType[j+sum] == 'A')
    {
        Bxsmatrix(j+sum,2 * (k0-KPointNum)) = pp * deltY0/(approS * approS *
      100);
        Bxsmatrix(j+sum,2 * (k0-KPointNum)+1) = -pp * deltX0/(approS * ap-
      proS * 100);
        Bxsmatrix(j+sum,2 * (k1-KPointNum)) = -pp * deltY0/(approS * approS
      * 100);
        Bxsmatrix(j+sum,2 * (k1-KPointNum)+1) = pp * deltX0/(approS * approS
      * 100);
    }
}
if(k0>=KPointNum && k1<KPointNum)//测站点为未知,照准点为已知
{
    if(ReadIN2.ObserveType[j+sum] == 'L')
    {
        Bxsmatrix(j+sum,2 * (k0-KPointNum)) = pp * deltY0/(approS * approS *
      100);
        Bxsmatrix(j+sum,2 * (k0-KPointNum)+1) = -pp * deltX0/(approS * ap-
      proS * 100);
    }
    if(ReadIN2.ObserveType[j+sum] == 'S' && ReadIN2.ObserveValue[j+sum] >
```

```
0)
    {
        Bxsmatrix(j+sum,2 * (k0-KPointNum)) = -deltX0/approS;
        Bxsmatrix(j+sum,2 * (k0-KPointNum)+1) = -deltY0/approS;
    }
    if(ReadIN2.ObserveType[j+sum] = ='A')
    {
        Bxsmatrix(j+sum,2 * (k0-KPointNum)) = pp * deltY0/(approS * approS *
    100);
        Bxsmatrix(j+sum,2 * (k0-KPointNum)+1) = -pp * deltX0/(approS * ap-
    proS * 100);
    }
}
if(k0<KPointNum && k1>=KPointNum)//测站点为已知,照准点为未知
{
    if(ReadIN2.ObserveType[j+sum] = ='L')
    {
        Bxsmatrix(j+sum,2 * (k1-KPointNum)) = -pp * deltY0/(approS * approS
    * 100);
        Bxsmatrix(j+sum,2 * (k1-KPointNum)+1) = pp * deltX0/(approS * approS
    * 100);
    }
    if(ReadIN2.ObserveType[j+sum] = ='S' && ReadIN2.ObserveValue[j+sum]>
  0)
    {
        Bxsmatrix(j+sum,2 * (k1-KPointNum)) = deltX0/approS;
        Bxsmatrix(j+sum,2 * (k1-KPointNum)+1) = deltY0/approS;
    }
    if(ReadIN2.ObserveType[j+sum] = ='A')
    {
        Bxsmatrix(j+sum,2 * (k1-KPointNum)) = -pp * deltY0/(approS * approS
    * 100);
        Bxsmatrix(j+sum,2 * (k1-KPointNum)+1) = pp * deltX0/(approS * approS
    * 100);
    }
}
if(k0<KPointNum && k1<KPointNum)//测站点和照准点都是已知点
{
    if(ReadIN2.ObserveType[j+sum] = ='L')
```

```
        {
            Bxsmatrix(j+sum,2 * UnknownPointNumber+k3)= -1;
            Lcsmatrix(j+sum,0)= -(arfa0-AzimuthAngle) * pp;
            if((arfa0<0.01745)&&(AzimuthAngle>6.26573))
                Lcsmatrix(j+sum,0)= -(arfa0+2 * PI-AzimuthAngle) * pp;
            if((arfa0>6.26573)&&(AzimuthAngle<0.01745))
                Lcsmatrix(j+sum,0)= -(arfa0-2 * PI-AzimuthAngle) * pp;
            WeightP(j+sum,j+sum)= Cigma0 * Cigma0/(ReadIN2.PrecValue[j+sum] *
                                ReadIN2.PrecValue[j+sum]);
            continue;
        }
        if(ReadIN2.ObserveType[j+sum] = = 'S' && ReadIN2.ObserveValue[j+sum]>0)
        {
            Lcsmatrix(j+sum,0)= -(approS-ReadIN2.ObserveValue[j+sum]) * 100;
            WeightP(j+sum,j+sum)= Cigma0 * Cigma0/(ReadIN2.PrecValue[j+sum] *
                                ReadIN2.PrecValue[j+sum]);
            continue;
        }
        if(ReadIN2.ObserveType[j+sum] = = 'A')
        {
            Lcsmatrix(j+sum,0)= -(arfa0-ReadIN2.ObserveValue[j+sum]) * pp;
            if(ReadIN2.PrecValue[j+sum]<0.000001)
            {
                AzimuthWeight=ReadIN2.PrecValue[j+sum]+0.00001;
            }
            else AzimuthWeight=ReadIN2.PrecValue[j+sum];
            WeightP(j+sum,j + sum) = Cigma0 * Cigma0/(AzimuthWeight * Azimuth-
         Weight);
            continue;
        }
    }
    //常数项和权阵
        if(ReadIN2.ObserveType[j+sum] = = 'L')
        {
            Bxsmatrix(j+sum,2 * UnknownPointNumber+k3)= -1;
            Lcsmatrix(j+sum,0)= -(arfa0-AzimuthAngle) * pp;
            if((arfa0<0.01745)&&(AzimuthAngle>6.26573))
                Lcsmatrix(j+sum,0)= -(arfa0+2 * PI-AzimuthAngle) * pp;
            if((arfa0>6.26573)&&(AzimuthAngle<0.01745))
                Lcsmatrix(j+sum,0)= -(arfa0-2 * PI-AzimuthAngle) * pp;
```

```
        WeightP(j+sum,j+sum)= Cigma0 * Cigma0/(ReadIN2.PrecValue[j+sum] *
                ReadIN2.PrecValue[j+sum]);
        continue;
    }
    if(ReadIN2.ObserveType[j+sum]=='S')
    {
        if(ReadIN2.ObserveValue[j+sum]>0 && ReadIN2.PrecNum[j+sum]>
    0.1)
        {
            Lcsmatrix(j+sum,0)=-(approS-ReadIN2.ObserveValue[j+sum])*
          100;
            WeightP(j+sum,j+sum)= Cigma0 * Cigma0/(ReadIN2.PrecValue[j+
          sum] *
                ReadIN2.PrecValue[j+sum]);
            continue;
        }
        if(ReadIN2.ObserveValue[j+sum]<0)
        {
            WeightP(j+sum,j+sum)=1.0;
            continue;
        }
        //高精度边长
        if(ReadIN2.ObserveValue[j+sum]>0 && ReadIN2.PrecNum[j+sum]<
    0.1)
        {
            Lcsmatrix(j+sum,0)=-(approS-ReadIN2.ObserveValue[j+sum])*
          100;

            KSideWeight=ReadIN2.PrecValue[j+sum]+0.00001;

            WeightP(j+sum,j+sum)= Cigma0 * Cigma0/Square(KSideWeight);
            continue;
    }

}
//高精度方位角
if(ReadIN2.ObserveType[j+sum]=='A')
{
    Lcsmatrix(j+sum,0)=-(arfa0-ReadIN2.ObserveValue[j+sum])* pp;
    if(ReadIN2.PrecValue[j+sum]<0.0000001)
```

```
            {
                AzimuthWeight = ReadIN2. PrecValue[ j+sum ] +0. 00001 ;
            }
            else AzimuthWeight = ReadIN2. PrecValue[ j+sum ] ;
            WeightP( j+sum, j+sum ) = Cigma0 * Cigma0/( AzimuthWeight * AzimuthWeight) ;
            continue;
        }
    }
            if( Flag_Orient[ i ] = = 1 ) {
                k3++;
            }
            sum+ = StationNumberWithObserve[ i ] ;
        }
//组成法方程及参数求解
    BTPxsmatrix = ( ~ Bxsmatrix) * WeightP;
    Nbb = BTPxsmatrix * Bxsmatrix;
    BTPL = BTPxsmatrix * Lcsmatrix;
    conNbb = ! Nbb;
    paraXY = conNbb * BTPL;
    correctionV = Bxsmatrix * paraXY-Lcsmatrix;
    //-------------adjusted value--------------
    double aX, aY, temp;
    ObserveAdjustedValue. SetSize( ObsNum, 1 ) ;

    for( i = 0 ; i<ReadIN2. StationNumber; i++ )
    {
        if( i<KPointNum ) {
            aX = ReadIN2. KnownX[ i ] ;
            aY = ReadIN2. KnownY[ i ] ;
        }
        else {
            aX = ReadIN2. X[ i ] +paraXY( 2 * ( i-KPointNum ), 0 )/100;
            aY = ReadIN2. Y[ i ] +paraXY( 2 * ( i-KPointNum ) +1, 0 )/100;
        }
        AdjustedValueX. SetAtGrow( i, aX ) ;
        AdjustedValueY. SetAtGrow( i, aY ) ;
    }
    for( i = 0 ; i<ReadIN2. ObserveNumber; i++ ) {
        if( ReadIN2. ObserveType[ i ] = = 'L' | | ReadIN2. ObserveType[ i ] = = 'A')
```

```
{
    //60 进制 100 进制
    if( Glb_Config. m_nDgreeType = =0)
    {
        temp = DmsToRadian( correctionV( i,0)/10000) ;
    }
    else
    {
        temp = DmsToRadian( correctionV( i,0)/10000/0. 324) ;
    }
}
else if( ReadIN2. ObserveType[ i] = ='S') {
    temp = correctionV( i,0)/100;
}

    else temp = correctionV( i,0) ;
    ObserveAdjustedValue( i,0) = ReadIN2. ObserveValue[ i] +temp;

}
//-----------------迭代限值------------
CountTime++;
for( i=0;i<UnknownPointNumber;i++)
{
    if( MaxV<fabs( paraXY( i,0) ) )
    {
        MaxV = fabs( paraXY( i,0) ) ;
    }
}
if( MaxV>MaxV1 && CountTime>1)
{
    AfxMessageBox( "迭代不收敛!") ;
    return FALSE;
}
MaxV1 = MaxV;

if( MaxV>Glb_Config. CurrentHorizontalNetwork. fIterationValue)
{
    for( i=0;i<UnknownPointNumber;i++)
    {
    ReadIN2. X[ i] = AdjustedValueX[ i] ;
    ReadIN2. Y[ i] = AdjustedValueY[ i] ;
    }
```

```
        }
        else break;
    }

    Matrix VTPV;
    CC0=0.0;

    VTPV=(~correctionV) * WeightP * correctionV;
    PVV=VTPV(0,0);
    //计算单位权中误差判断是否有多余观测值,如果没有,赋值为先验中误差
    RiNum=ObsNum-(2 * UnknownPointNumber+OrientOfdirectionNumber)-inpesduSi-
deNum;
    if((ObsNum-(2 * UnknownPointNumber+OrientOfdirectionNumber))>0.5)
    {
    CC0=sqrt(PVV/(ObsNum-(2 * UnknownPointNumber+OrientOfdirectionNumber)-
inpesduSideNum));
    }
    else if((ObsNum-(2 * UnknownPointNumber+OrientOfdirectionNumber))==0)
    {
        Cigma=Cigma0;
    }
    else    AfxMessageBox("观测值数不足!");

    if(PVV<0.0001)   Cigma=Cigma0;   //gjm
    //单位权的选择
    if(Glb_Config.CurrentHorizontalNetwork.nWeightType==0)
    {
        Cigma=Cigma0;
    }
    else
    {
        Cigma=CC0;
    }

    //------------coordinate and point mean square error(MSE)--------------
    mx=new double[ReadIN2.StationNumber];
    my=new double[ReadIN2.StationNumber];
    Mxy=new double[ReadIN2.StationNumber];

    for(i=0;i<KPointNum;i++)
```

```
{
    mx[i]=0;
    my[i]=0;
    Mxy[i]=0;
}
for(i=0;i<UnknownPointNumber;i++)
{
    mx[i+KPointNum]=Cigma * sqrt(conNbb(2 * i,2 * i));
    my[i+KPointNum]=Cigma * sqrt(conNbb(2 * i+1,2 * i+1));
    Mxy[i+KPointNum]=sqrt(Square(mx[i+KPointNum])+Square(my[i+KPoint-
  Num]));
}
//----------------计算多余观测量---------------
Matrix Qvv,QQ;

QQ=! WeightP;
Qvv=QQ-Bxsmatrix * conNbb * (~Bxsmatrix);
Rimatrix=Qvv * WeightP;
//-----------error ellipse----------------

Emax=new double[ReadIN2.StationNumber];
Fmin=new double[ReadIN2.StationNumber];
AngleOfEmax=new double[ReadIN2.StationNumber];
AngleOfFmin=new double[ReadIN2.StationNumber];

for(i=0;i<ReadIN2.StationNumber;i++)
{
    PointErrorEllipse(ReadIN2.StationName[i],Emax[i],Fmin[i],AngleOfEmax
  [i]);
}

return TRUE;
}

BOOL CAdjustment::PointErrorEllipse(CString PointName,double &E,double &F,double
&T)
{
    int k=0;
    double KK;
    while(1)
```

```
  {
      if(k>=ReadIN2.StationNumber)
      {
          AfxMessageBox("输入点名错误!");
          return FALSE;
      }
      if(PointName==ReadIN2.StationName[k])
      {
          break;
      }
      k++;
  }
  if(k<KPointNum)
  {
      E=0;
      F=0;
      T=0;
  }
  else
  {
      k=k-KPointNum;
      KK=sqrt(Square(conNbb(2*k,2*k)-conNbb(2*k+1,2*k+1))+4*
    Square(conNbb(2*k,2   *k+1)));
      E=Cigma*sqrt((conNbb(2*k,2*k)+conNbb(2*k+1,2*k+1)+KK)/2);
      F=Cigma*sqrt((conNbb(2*k,2*k)+conNbb(2*k+1,2*k+1)-KK)/2);
      T=atan2((conNbb(2*k,2*k)+conNbb(2*k+1,2*k+1)+KK)/2-conNbb
    (2*k,2*k),conNbb(2*k,2*k+1));
      if(T<0)T+=2*PI;
      T=RadianToDms(T);
  }
  return TRUE;
}

BOOL CAdjustment::RelativeEllipse(void)
{
  //-------relative error ellipse and precision of azimuth and side--------
  double QdelteX,QdelteY,QdelteXY;
  double deltX0,deltY0,arfa0,approS;
  double KK;
  int i,j,sum;
```

```
int k0,k1;
int NumOfRelativeEllipse,varK;
Matrix Qxx(4,4),Fazimuth(1,4),Fside(1,4),tempA,tempS;
int tempk[99],k4,ss,tk,i0;

sum=0;
tk=0;
NumOfRelativeEllipse=0;
for(i0=0;i0<99;i0++){
    tempk[i0]=-1;
}
//统计网中相对误差椭圆的个数
for(i=0;i<ObserveStationNumber;i++)
{
    k4=0;
    for(j=0;j<StationNumberWithObserve[i];j++)
    {
        k1=ReadIN2.TargetOrder[j+sum];
        tk=0;
        for(ss=0;ss<k4;ss++){
            if(tempk[ss]==k1){
                tk=1;break;}}
        tempk[k4]=k1;
        k4++;
        if(tk==0){
            NumOfRelativeEllipse++;}
        else continue;
    }
    sum=sum+StationNumberWithObserve[i];
}
//分配内存
RelativeAngleOfEmax=new double[NumOfRelativeEllipse];
RelativeEmax=new double[NumOfRelativeEllipse];
RelativeFmin=new double[NumOfRelativeEllipse];
AzimuthOfside=new double[NumOfRelativeEllipse];
LenghtOfside=new double[NumOfRelativeEllipse];
AzimuthMSE=new double[NumOfRelativeEllipse];
SideMSE=new double[NumOfRelativeEllipse];
//初始化变量
sum=0;
```

```
varK=0;
tk=0;
for(i0=0;i0<99;i0++){
    tempk[i0]=-1;
}
//计算网点间相对误差椭圆信息
for(i=0;i<ObserveStationNumber;i++)
{
    k0=0;
    while(1){
        if(ObserveStationName[i]==ReadIN2.StationName[k0]){
        break;}
        k0++;
    }
    k4=0;
    for(j=0;j<StationNumberWithObserve[i];j++)
    {
        Qxx.Null();
        Fazimuth.Null();
        Fside.Null();

        k1=ReadIN2.TargetOrder[j+sum];
        tk=0;
        for(ss=0;ss<k4;ss++){
            if(tempk[ss]==k1){
                tk=1;
                break;}
        }
        tempk[k4]=k1;
        k4++;
        if(tk==1){   //判定是否为重复边
            continue;
        }
        if(k0<KPointNum && k1>=KPointNum)//测站点已知,照准点未知
        {
            k1=k1-KPointNum;

            QdelteX=conNbb(2*k1,2*k1);
            QdelteY=conNbb(2*k1+1,2*k1+1);
            QdelteXY=conNbb(2*k1,2*k1+1);
```

```
        deltX0 = AdjustedValueX[ k1+KPointNum ] -AdjustedValueX[ k0 ];
        deltY0 = AdjustedValueY[ k1+KPointNum ] -AdjustedValueY[ k0 ];
        approS = sqrt( Square( deltX0) +Square( deltY0) ) ;

        Qxx(2,2) = conNbb(2 * k1,2 * k1);
        Qxx(2,3) = conNbb(2 * k1,2 * k1+1);
        Qxx(3,2) = conNbb(2 * k1+1,2 * k1);
        Qxx(3,3) = conNbb(2 * k1+1,2 * k1+1);
        Fazimuth(0,2) = -pp * deltY0/( approS * approS * 100);
        Fazimuth(0,3) = pp * deltX0/(approS * approS * 100);
        Fside(0,2) = deltX0/approS;
        Fside(0,3) = deltY0/approS;

        k1 = k1+KPointNum;
    }
    if(k0> = KPointNum && k1<KPointNum)//测站点未知,照准点已知
    {
        k0 = k0-KPointNum;

        QdelteX = conNbb(2 * k0,2 * k0);
        QdelteY = conNbb(2 * k0+1,2 * k0+1);
        QdelteXY = conNbb(2 * k0,2 * k0+1);

        deltX0 = AdjustedValueX[ k1 ] -AdjustedValueX[ k0+KPointNum ];
        deltY0 = AdjustedValueY[ k1 ] -AdjustedValueY[ k0+KPointNum ];
        approS = sqrt( Square( deltX0) +Square( deltY0) ) ;

        Qxx(0,0) = conNbb(2 * k0,2 * k0);
        Qxx(0,1) = conNbb(2 * k0,2 * k0+1);
        Qxx(1,0) = conNbb(2 * k0+1,2 * k0);
        Qxx(1,1) = conNbb(2 * k0+1,2 * k0+1);
        Fazimuth(0,0) = pp * deltY0/( approS * approS * 100);
        Fazimuth(0,1) = -pp * deltX0/( approS * approS * 100);
        Fside(0,0) = deltX0/approS;
        Fside(0,1) = deltY0/approS;

        k0 = k0+KPointNum;
    }
    if(k0> = KPointNum && k1> = KPointNum)//测站点未知,照准点未知
```

```
{
k0 = k0-KPointNum;
k1 = k1-KPointNum;
QdelteX = conNbb(2 * k0,2 * k0) +conNbb(2 * k1,2 * k1) -2 * conNbb(2
* k0,2 * k1);
QdelteY = conNbb(2 * k0+1,2 * k0+1) +conNbb(2 * k1+1,2 * k1+1) -2 *
conNbb(2 * k0+1,2 * k1+1);
QdelteXY = conNbb(2 * k0,2 * k0+1) -conNbb(2 * k0,2 * k1+1) -conNbb
(2 * k0+1,2 * k1) +
    conNbb(2 * k1,2 * k1+1);

deltX0 = AdjustedValueX[k1 + KPointNum] - AdjustedValueX[k0 + KPoint-
Num];
deltY0 = AdjustedValueY[k1 + KPointNum] - AdjustedValueY[k0 + KPoint-
Num];
approS = sqrt(Square(deltX0) +Square(deltY0));

Qxx(0,0) = conNbb(2 * k0,2 * k0);
Qxx(0,1) = conNbb(2 * k0,2 * k0+1);
Qxx(0,2) = conNbb(2 * k0,2 * k1);
Qxx(0,3) = conNbb(2 * k0,2 * k1+1);
Qxx(1,0) = conNbb(2 * k0+1,2 * k0);
Qxx(1,1) = conNbb(2 * k0+1,2 * k0+1);
Qxx(1,2) = conNbb(2 * k0+1,2 * k1);
Qxx(1,3) = conNbb(2 * k0+1,2 * k1+1);
Qxx(2,0) = conNbb(2 * k1,2 * k0);
Qxx(2,1) = conNbb(2 * k1,2 * k0+1);
Qxx(2,2) = conNbb(2 * k1,2 * k1);
Qxx(2,3) = conNbb(2 * k1,2 * k1+1);
Qxx(3,0) = conNbb(2 * k1+1,2 * k0);
Qxx(3,1) = conNbb(2 * k1+1,2 * k0+1);
Qxx(3,2) = conNbb(2 * k1+1,2 * k1);
Qxx(3,3) = conNbb(2 * k1+1,2 * k1+1);
Fazimuth(0,0) = -pp * deltY0/(approS * approS * 100);
Fazimuth(0,1) = pp * deltX0/(approS * approS * 100);
Fazimuth(0,2) = pp * deltY0/(approS * approS * 100);
Fazimuth(0,3) = -pp * deltX0/(approS * approS * 100);
Fside(0,0) = -deltX0/approS;
Fside(0,1) = -deltY0/approS;
Fside(0,2) = deltX0/approS;
```

```
        Fside(0,3) = deltY0/approS;

        k0 = k0+KPointNum;
        k1 = k1+KPointNum;
    }
    if(k0<KPointNum && k1<KPointNum)//测站点已知,照准点已知
    {
        k0 = k0-KPointNum;
        k1 = k1-KPointNum;

        QdelteX = 0.0;
        QdelteY = 0.0;
        QdelteXY = 0.0;
        deltX0 = AdjustedValueX[k1+KPointNum] - AdjustedValueX[k0+KPointNum];
        deltY0 = AdjustedValueY[k1+KPointNum] - AdjustedValueY[k0+KPointNum];

        k0 = k0+KPointNum;
        k1 = k1+KPointNum;
    }

    KK = sqrt(Square(QdelteX-QdelteY)+4 * QdelteXY * QdelteXY);
    RelativeEmax[varK] = Cigma * sqrt((QdelteX+QdelteY+KK)/2);
    RelativeFmin[varK] = Cigma * sqrt((QdelteX+QdelteY-KK)/2);
    RelativeAngleOfEmax[varK] = atan2((QdelteX+QdelteY+KK)/2-QdelteX, QdelteXY);
    if(RelativeAngleOfEmax[varK]<0) RelativeAngleOfEmax[varK] += 2 * PI;
    RelativeAngleOfEmax[varK] = RadianToDms(RelativeAngleOfEmax[varK]);

    arfa0 = atan2(deltY0, deltX0);
    if(arfa0<0) arfa0 = arfa0+2 * PI;
    AzimuthOfside[varK] = arfa0;
    LenghtOfside[varK] = sqrt(Square(deltX0)+Square(deltY0));

    tempA = Fazimuth * Qxx * (~Fazimuth);
    tempS = Fside * Qxx * (~Fside);
    AzimuthMSE[varK] = Cigma * sqrt(tempA(0,0));
    SideMSE[varK] = Cigma * sqrt(tempS(0,0));
```

```
            varK++;
        }
        sum=sum+StationNumberWithObserve[i];
    }

    return TRUE;
}

BOOL CAdjustment::OutResult(int flag)
{
    int type=Glb_Config. Glb_Type&4;
    if(type!  =4)
    {
    AfxMessageBox("该类型的工程无法进行平面网平差!",MB_ICONERROR);
    return FALSE;
    }
    int i,j,sum;
    int k0,k1;

    FILE * outResult;

    CString Ou2FileName;
    if(flag= =2)
    {
        Ou2FileName+=Glb_Config. Glb_Path+" \\" +Glb_Config. Glb_ProjectName+"_
    des. ou2";
    }
    else
    {
        Ou2FileName+=Glb_Config. Glb_Path+"\\"+Glb_Config. Glb_ProjectName+". ou2";
    }
//------------------
    double SumDis,MaxDis,MinDis,AverageDis;
    int UnkSideNum;
    SumDis=0. 0;
    MaxDis=0. 0;
    MinDis=10000. 0;
    UnkSideNum=0;
    AverageDis=0. 0;
    for(i=0;i<ObsNum;i++)
```

```
{
    if(ReadIN2.ObserveType[i]=='S' && ReadIN2.PrecNum[i]>0.1)
    {
        SumDis+=ReadIN2.ObserveValue[i];
        if(ReadIN2.ObserveValue[i]>MaxDis)
        {
            MaxDis=ReadIN2.ObserveValue[i];
        }
        if(ReadIN2.ObserveValue[i]<MinDis)
        {
            MinDis=ReadIN2.ObserveValue[i];
        }
        UnkSideNum++;
    }
}
if(UnkSideNum>0.5)
{
    AverageDis=SumDis/UnkSideNum;
    MinDis=0.0;
}
//最弱边
int varK,tk,i0,k4;
int tempk[99],ss;
double minsideMSE,MS;
int temp1,intks,pnks1,pnks2;
double MaxRMp;

sum=0;
varK=0;
tk=0;
temp1=0;
intks=0;
minsideMSE=10000000.0;
for(i0=0;i0<20;i0++){
    tempk[i0]=-1;
}
for(i=0;i<ObserveStationNumber;i++){
    k0=0;
    while(1){
        if(ObserveStationName[i]==ReadIN2.StationName[k0]){
```

```
                break; }
            k0++; }
        k4=0;
        for(j=0;j<StationNumberWithObserve[i];j++) {
        k1=ReadIN2.TargetOrder[j+sum];
        tk=0;
        for(ss=0;ss<k4;ss++) {
            if(tempk[ss]==k1) {
                tk=1;
                break; }
            }
            tempk[k4]=k1;
            k4++;
            if(tk==1) {
                continue;
            }
            if(k0<KPointNum && k1<KPointNum)
            {
                MS=10000000;
            }
            else
            {
                MS=LenghtOfside[varK]/SideMSE[varK];
                if(MS<minsideMSE)
                {
                    intks=varK;
                    minsideMSE=MS;
                }
            }
            if(MaxRMp<SideMSE[varK])
            {
                MaxRMp=SideMSE[varK];
            }
            varK++;
        }
        sum=sum+StationNumberWithObserve[i];
    }
//最弱点
    double MaxMSE,AverageMx,AverageMy,AverageMxy,MinMSE;
    int intNum,intNum1;
```

```
MaxMSE = 0;
MinMSE = 5.0;
AverageMx = 0;
AverageMy = 0;
AverageMxy = 0;
for(i = 0;i<ReadIN2.StationNumber;i++)
{
    if(i>= KPointNum && Mxy[i]>MaxMSE){
        MaxMSE = Mxy[i];
        intNum = i;
    }
    if(i>= KPointNum && Mxy[i]<MinMSE){
        MinMSE = Mxy[i];
        intNum1 = i;
    }
    AverageMx+ = mx[i];
    AverageMy+ = my[i];
    AverageMxy+ = Mxy[i];
}
AverageMx = AverageMx/UnknownPointNumber;
AverageMy = AverageMy/UnknownPointNumber;
AverageMxy = AverageMxy/UnknownPointNumber;

if((outResult = fopen(Ou2FileName,"w"))= = NULL)
{
    return FALSE;
}

//------------------------输出平差结果------------------------
fprintf(outResult,"==================================\n");
fprintf(outResult,"            平面网平差结果\n");
fprintf(outResult,"==================================\n\n");
fprintf(outResult,"---------------------\n");
fprintf(outResult,"        NPSS  %s 控制网总体信息\n",Glb_Config.Glb_Project-
Name);
fprintf(outResult,"---------------------\n");
fprintf(outResult,"计算软件:          NPSS   网名:%15s\n",Glb_Config.Glb_
ProjectName);
```

```
fprintf(outResult,"项目名称:%15s    项目类型:平面网\n",Glb_Config.Glb_ProjectName);
fprintf(outResult,"测量部门:%10s 作业日期:
%10s\n",Glb_Config.CurrentProjectDescription.sCompanyName,
    Glb_Config.CurrentProjectDescription.sSurveyDate);
fprintf(outResult,"测量人员:%10s   计算人员:
%10s\n\n",Glb_Config.CurrentProjectDescription.sFieldSurveyor,
                Glb_Config.CurrentProjectDescription.sOfficeSurveyor);
fprintf(outResult,"已知点数:%3d 未知点数:%5d\n",KPointNum,UnknownPointNumber);
fprintf(outResult,"方位角数:%3d 方向观测个数:%5d\n",AzimuthNumber,DirectionNumber);
fprintf(outResult,"固定边数:%3d 边长观测个数:%5d\n",KsideNumber,SideNumber);
//60 进制 100 进制
if(Glb_Config.m_nDgreeType==0)
{
fprintf(outResult,"先验单位权中误差(sec):%5.3f  后验单位权中误差:%5.3f\n",Cigma0,CC0);
fprintf(outResult,"PVV:%5.3f                自由度:     %4d\n",PVV,RiNum);
}
else
{
fprintf(outResult,"先验单位权中误差(sec):%5.3f 后验单位权中误差:
                %5.3f\n",Cigma0/0.324,CC0/0.324);
fprintf(outResult,"PVV:%5.3f                自由度:     %4d\n",PVV/0.324,RiNum);
}
fprintf(outResult,"\n");
fprintf(outResult,"     最大点位误差(cm):%5.2f          最小点位误差(cm):
            %5.2f\n",Mxy[intNum],Mxy[intNum1]);
fprintf(outResult,"     平均点位误差(cm):%5.2f          最大点间误差(cm):
            %5.2f\n",AverageMxy,MaxRMp);
fprintf(outResult,"最大边长比例误差:1/%-10d\n\n",(int(LenghtOfside[intks]/SideMSE[intks]))*100);

if(UnkSideNum>0.5)
{
    fprintf(outResult,"总边长(m):%10.4f    平均边长(m):%8.4f\n",SumDis,AverageDis);
```

```
    fprintf(outResult,"最小边长(m):%8.4f          最大边长(m):%8.4f\n",
  MinDis,MaxDis);
}

fprintf(outResult,"---------------------\n");

fprintf(outResult,"---------------------\n");
fprintf(outResult,"       近似坐标\n");
fprintf(outResult,"---------------------\n");
fprintf(outResult,"                    Name      X(m)          Y(m)\n");
fprintf(outResult,"---------------------\n");
for(i=0;i<ReadIN2.StationNumber;i++)
{
    fprintf(outResult,"%15s%12.4lf     %12.4lf\n",ReadIN2.StationName[i],
  ApproX[i],ApproY[i]);
}
double MaxOfRi,MinOfRi,AverageOfRi,SumOfRi;
int MaxStart,MaxEnd,MinStart,MinEnd;
//观测方向输出
if(DirectionNumber>=1)
{
    fprintf(outResult,"--------------------\n\n");
    fprintf(outResult,"--------------------\n");
    fprintf(outResult,"          方向平差结果\n");
    fprintf(outResult,"--------------------\n");
    if(Glb_Config.m_nDgreeType==0)
    {
        fprintf(outResult," FROM   TO   TYPE   OBS VALUE(dms)   M(sec)
     V(sec)
            ADJUSTED VALUE(dms)   Ri \n");
    }
    else
    {
        fprintf(outResult,"  FROM   TO   TYPE   OBS VALUE(dms)   M(cc)
     V(cc)
            ADJUSTED VALUE(dms)   Ri\n");
    }
    fprintf(outResult,"--------------------\n");
    sum=0;
    SumOfRi=0;
```

```
MaxOfRi=0;
MinOfRi=1;
for(i=0;i<ObserveStationNumber;i++)
{
    for(j=0;j<StationNumberWithObserve[i];j++)
    {
        if(ReadIN2. ObserveType[j+sum]= ='L'){
            if(Rimatrix(j+sum,j+sum)>=MaxOfRi){
                MaxOfRi=Rimatrix(j+sum,j+sum);
                MaxStart=i;
                MaxEnd=j+sum;
            }
            if(Rimatrix(j+sum,j+sum)<MinOfRi){
                MinOfRi=Rimatrix(j+sum,j+sum);
                MinStart=i;
                MinEnd=j+sum;
            }
            SumOfRi=SumOfRi+Rimatrix(j+sum,j+sum);
            //60 进制 100 进制
            if(Glb_Config. m_nDgreeType= =0)
            {
             fprintf(outResult,"%10s%10s   %c   %12.6lf   %8.2f   %
            8.2f   %12.6lf
                %8.3f\n",ObserveStationName[i],
                ReadIN2. TargetName[j+sum],ReadIN2. ObserveType[j
              +sum],
                RadianToDms(ReadIN2. ObserveValue[j+sum]),
                ReadIN2. PrecValue[j+sum],correctionV(j+sum,0),
                RadianToDms(ObserveAdjustedValue(j+sum,0)),
                Rimatrix(j+sum,j+sum));
            }
            else
            {
               fprintf(outResult,"%10s%10s   %c   %12.6lf   %8.2f   %
8.2f   %12.6lf
               %8.3f\n",ObserveStationName[i],
               ReadIN2. TargetName[j+sum],ReadIN2. ObserveType[j+sum],
               RadianToDms(ReadIN2. ObserveValue[j+sum]),
               ReadIN2. PrecValue[j+sum],correctionV(j+sum,0)/0.324,
               RadianToDms(ObserveAdjustedValue(j+sum,0)),Rimatrix(j
```

```
+sum,j+sum));
                    }
                }
            }
            sum=sum+StationNumberWithObserve[i];
        }
        AverageOfRi=SumOfRi/DirectionNumber;
        fprintf(outResult,"---------------------\n");
        fprintf(outResult,"方向最小多余观测分量:%5.2f(%s---->%s)\n",
            MinOfRi,ObserveStationName[MinStart],ReadIN2.TargetName[MinEnd]);
        fprintf(outResult,"方向最大多余观测分量:%5.2f(%s---->%s)\n",
              MaxOfRi, ObserveStationName [ MaxStart ], ReadIN2.TargetName [ Max-
End]);
        fprintf(outResult,"方向平均多余观测分量:%5.2f\n",AverageOfRi);
        fprintf(outResult,"方向多余观测数总和:  %5.2f\n",SumOfRi);
    }
  //观测边长输出
      if(SideNumber>=1)
      {
        fprintf(outResult,"---------------------\n\n");
        fprintf(outResult,"---------------------\n");
        fprintf(outResult,"距离平差结果                    \n");
        fprintf(outResult,"---------------------\n");
        fprintf(outResult,"   FROM    TO    TYPE    OBS VALUE(m)     M(cm)   V
(cm)   ADJUSTED VALUE(m)    Ri   \n");
        fprintf(outResult,"---------------------\n");
        sum=0;
        SumOfRi=0;
        MaxOfRi=0;
        MinOfRi=1;
        for(i=0;i<ObserveStationNumber;i++)
        {
            for(j=0;j<StationNumberWithObserve[i];j++)
            {
                if(ReadIN2.ObserveType[j+sum]=='S' && ReadIN2.ObserveValue[j
+sum]>0){
                if(Rimatrix(j+sum,j+sum)>MaxOfRi){
                    MaxOfRi=Rimatrix(j+sum,j+sum);
                    MaxStart=i;
                    MaxEnd=j+sum;
```

```
                }
                if(Rimatrix(j+sum,j+sum)<MinOfRi){
                    MinOfRi=Rimatrix(j+sum,j+sum);
                    MinStart=i;
                    MinEnd=j+sum;
                }
                SumOfRi=SumOfRi+Rimatrix(j+sum,j+sum);
                fprintf(outResult,"%10s%10s   %c   %12.5lf   %8.3f   %8.3f   %
12.5lf   %8.3f\n",
                    ObserveStationName[i],ReadIN2.TargetName[j+sum],
                    ReadIN2.ObserveType[j+sum],ReadIN2.ObserveValue[j+sum],
                    ReadIN2.PrecValue[j+sum],correctionV(j+sum,0),
                    ObserveAdjustedValue(j+sum,0),Rimatrix(j+sum,j+sum));
                }
            }
            sum=sum+StationNumberWithObserve[i];
        }
        AverageOfRi=SumOfRi/SideNumber;
        fprintf(outResult,"---------------------\n");
        fprintf(outResult,"边长最小多余观测分量:%5.2f(%s---->%s)\n",
            MinOfRi,ObserveStationName[MinStart],ReadIN2.TargetName[MinEnd]);
        fprintf(outResult,"边长最大多余观测分量:%5.2f(%s---->%s)\n",
            MaxOfRi, ObserveStationName [ MaxStart ], ReadIN2.TargetName [ Max-
End]);
        fprintf(outResult,"边长平均多余观测分量:%5.2f\n",AverageOfRi);
        fprintf(outResult,"边长多余观测数总和:   %5.2f\n",SumOfRi);
        fprintf(outResult,"---------------------\n\n");
    }
  //方位角输出
      if(AzimuthNumber>0)
      {
        fprintf(outResult,"---------------------\n");
        fprintf(outResult,"方位角平差结果            \n");
        fprintf(outResult,"---------------------\n");
        if(Glb_Config.m_nDgreeType==0)
        {
        fprintf(outResult,"    FROM   TO   TYPE   OBS   VALUE(dms)    M(sec)
V(sec)   ADJUSTED   VALUE(dms)   \n");
        }
        else
```

```
{
fprintf(outResult,"   FROM   TO   TYPE   OBS   VALUE(dms)   M(cc)
V(cc)   ADJUSTED   VALUE(dms)   \n");
}

fprintf(outResult,"--------------------\n");
sum=0;
for(i=0;i<ObserveStationNumber;i++)
{
  for(j=0;j<StationNumberWithObserve[i];j++)
  {
     if(ReadIN2.ObserveType[j+sum]=='A'){
      //60 进制   100 进制
      if(Glb_Config.m_nDgreeType==0)
      {
         fprintf(outResult,"%10s%10s   %c   %12.6lf   %8.2f
%8.4f   %12.6lf\n",
         ObserveStationName[i],ReadIN2.TargetName[j+sum],
         ReadIN2.ObserveType[j+sum],
         RadianToDms(ReadIN2.ObserveValue[j+sum]),
         ReadIN2.PrecValue[j+sum],correctionV(j+sum,0)*(-1),
         RadianToDms(ObserveAdjustedValue(j+sum,0)));
      }
   else
   {
     fprintf(outResult,"%10s%10s   %c   %12.6lf   %8.2f   %8.4f
%12.6lf\n",
       ObserveStationName[i],ReadIN2.TargetName[j+sum],
       ReadIN2.ObserveType[j+sum],RadianToDms(ReadIN2.ObserveValue[j
+sum]),
       ReadIN2.PrecValue[j+sum],correctionV(j+sum,0)*(-1)/0.324,
       RadianToDms(ObserveAdjustedValue(j+sum,0)));
   }

  }
 }
 sum=sum+StationNumberWithObserve[i];
}
fprintf(outResult,"--------------------\n\n");
}
```

```
//int varK,tk,i0,k4;
//int tempk[99],ss;
//double minsideMSE,MS;
//int temp1,intks,pnks1,pnks2;
    fprintf(outResult,"--------------------\n");
    fprintf(outResult,"网点间边长、方位角及其相对精度          \n");
    fprintf(outResult,"--------------------\n");
    fprintf(outResult,"  FROM   TO   A(dms)   MA(sec)   S(m)   MS(cm)   S/MS
E(cm)   F(cm)      T(dms)\n");
    fprintf(outResult,"--------------------\n");
    sum=0;
    varK=0;
    tk=0;
    temp1=0;
    intks=0;
    minsideMSE=10000000.0;
    for(i0=0;i0<20;i0++){
        tempk[i0]=-1;
    }
    for(i=0;i<ObserveStationNumber;i++){
        k0=0;
        while(1){
            if(ObserveStationName[i]==ReadIN2.StationName[k0]){
                break;}
            k0++;}
        k4=0;
        for(j=0;j<StationNumberWithObserve[i];j++){
            k1=ReadIN2.TargetOrder[j+sum];
            tk=0;
            for(ss=0;ss<k4;ss++){
                if(tempk[ss]==k1){
                    tk=1;
                    break;}
                }
            tempk[k4]=k1;
            k4++;
            if(tk==1){
                continue;
            }
```

```
            if( k0<KPointNum && k1<KPointNum)
            {
                MS = 10000000 ;
                fprintf( outResult," % 10s% 10s   % 10. 6lf% 8. 2lf% 12. 4lf% 8. 2f%
10. 0lf% 8. 2f% 8. 2f% 12. 4lf\n",
                ReadIN2. StationName[ k0 ] ,ReadIN2. StationName[ k1 ] ,
                RadianToDms( AzimuthOfside[ varK ] ) ,AzimuthMSE[ varK ] ,
                LenghtOfside[ varK ] ,SideMSE[ varK ] ,MS,RelativeEmax[ varK ] ,
                RelativeFmin[ varK ] ,RelativeAngleOfEmax[ varK ] ) ;
            }
            else
            {
                MS = LenghtOfside[ varK ]/SideMSE[ varK ] ;
                if( MS<minsideMSE)
                {
                    minsideMSE = MS;
                    intks = varK;
                    pnks1 = k0;
                    pnks2 = k1 ;
                }
                fprintf( outResult," % 10s% 10s% 10. 6lf% 8. 2f% 12. 4lf% 8. 2f% 10d%
8. 2f% 8. 2f
                    % 12. 4lf \ n" , ReadIN2. StationName [ k0 ] , ReadIN2. StationName
[ k1 ] ,
                RadianToDms( AzimuthOfside[ varK ] ) ,AzimuthMSE[ varK ] ,
                LenghtOfside[ varK ] ,SideMSE[ varK ] ,( int( LenghtOfside[ varK ]/Si-
deMSE[ varK ] ) )
                    * 100, RelativeEmax [ varK ] , RelativeFmin [ varK ] , RelativeAn-
gleOfEmax[ varK ] ) ;
            }
            varK++;
        }
        sum = sum+StationNumberWithObserve[ i ] ;
    }
    fprintf( outResult," ---------------------\n\n" ) ;
    fprintf( outResult," ---------------------\n" ) ;
    fprintf( outResult,"最弱边及其精度\n" ) ;
    fprintf( outResult," ---------------------\n" ) ;
    fprintf( outResult,"   FROM    TO   A( dms)   MA( sec)   S( m)   MS( cm)   S/MS
```

```
E(cm)   F(cm)   T(dms)\n");
        fprintf(outResult,"---------------------\n");
        fprintf(outResult,"%10s%10s%10.6lf%8.2f%12.4lf%8.2f%10d%8.2f%8.2f%
12.4lf\n",
            ReadIN2.StationName[pnks1],ReadIN2.StationName[pnks2],RadianToDms
(AzimuthOfside[intks]),
          AzimuthMSE[intks],LenghtOfside[intks],SideMSE[intks],
          (int(LenghtOfside[intks]/SideMSE[intks]))*100,RelativeEmax[intks],
          RelativeFmin[intks],RelativeAngleOfEmax[intks]);
        fprintf(outResult,"---------------------\n\n");

        MaxMSE=0;
        AverageMx=0;
        AverageMy=0;
        AverageMxy=0;
        fprintf(outResult,"---------------------\n");
        fprintf(outResult,"平差坐标及其精度\n");
        fprintf(outResult,"---------------------\n");
        fprintf(outResult,"   Name   X(m)   Y(m)   MX(cm)   MY(cm)   MP(cm)
E(cm)   F(cm)   T(dms)\n");
        fprintf(outResult,"---------------------\n");
        for(i=0;i<ReadIN2.StationNumber;i++)
        {
          if(Mxy[i]>MaxMSE){
            MaxMSE=Mxy[i];
            intNum=i;
          }
          AverageMx+=mx[i];
          AverageMy+=my[i];
          AverageMxy+=Mxy[i];
          fprintf(outResult,"%10s%12.4lf%12.4lf%8.3f%8.3f%8.3f%8.3f%8.3f%
10.4lf\n",
            ReadIN2.StationName[i],AdjustedValueX[i],AdjustedValueY[i],mx[i],
my[i],
            Mxy[i],Emax[i],Fmin[i],AngleOfEmax[i]);
        }
        AverageMx=AverageMx/UnknownPointNumber;
        AverageMy=AverageMy/UnknownPointNumber;
        AverageMxy=AverageMxy/UnknownPointNumber;
```

```
	fprintf( outResult," ---------------------\n" );
	fprintf( outResult,"Mx 均值:%5.2f   My 均值:%5.2f   Mp 均值:%5.2f\n",
		AverageMx, AverageMy, AverageMxy);
	fprintf( outResult," ---------------------\n\n" );
	fprintf( outResult,"最弱点及其精度\n" );
	fprintf( outResult," ---------------------\n" );
	fprintf( outResult,"   Name   X(m)   Y(m)   MX(cm)   MY(cm)   MP(cm)
  E(cm)   F(cm)   T(dms)\n" );
	fprintf( outResult," ---------------------\n" );
	fprintf( outResult,"%10s%12.4lf%12.4lf%8.3f%8.3f%8.3f%8.3f%8.3f%
10.4lf\n",
		ReadIN2.StationName[intNum],
		AdjustedValueX[intNum], AdjustedValueY[intNum], mx[intNum], my[int-
Num], Mxy[intNum],
		Emax[intNum], Fmin[intNum], AngleOfEmax[intNum]);

	fprintf( outResult," ---------------------\n\n" );
	fclose( outResult);
	AfxMessageBox("平差完毕! 请检查结果!");

	delete mx;
	delete my;
	delete Mxy;
	delete Emax;
	delete Fmin;
	delete AngleOfEmax;
	delete AngleOfFmin;
	delete RelativeAngleOfEmax;
	delete RelativeEmax;
	delete RelativeFmin;
	delete AzimuthOfside;
	delete LenghtOfside;
	delete AzimuthMSE;
	delete SideMSE;

	return TRUE;
}
```

3.2.3 平面网平差报告

在计算结果文件一般保存为无格式的文本文件，含有观测值、改正数、平差坐标、精度指标等各种信息，主要目的是作为电子文档保存，并从中进行成果汇总，是形成平差成果报告的依据。例如，CODAPS 的平差结果为 ou2 文件，可进一步转换为 Excel 或 Word 格式的成果报告文件。

3.3 平面控制网算例

下面以武汉大学的 CODAPS 软件为例，介绍程序使用方法和平面网算例。

3.3.1 程序使用说明

CODAPS 是地面工程测量控制测量数据处理通用软件包的简称，具有任意导线网、边角网、自由网、高铁 CPIII 网和高程网的严密平差计算、网图显绘、报表打印以及模拟计算、优化设计、粗差探测定位、方差分量估计、闭合差计算、隧道（洞）贯通误差估算、叠置分析等功能，可以解算一个点的任意前后方交会到整体解算上万点的大规模控制网，其功能框图如图 3-1 所示，包括文件、平差、报表、查看、工具、设计、坐标转换和帮助八个主菜单项。

文件以控制网网名进行管理。

平差只区分平面网和高程网。增加有粗差探测和方差分量估算功能。生成概算文件功能完全是为精密控制测量数据处理而添加，用于进行方向、边长的改化计算，如方向作三差改正、边长作投影改正等，只有在网的精度要求特别高时才需要。设置与选项包括了多种情况，都是针对用户的需求定做的。

报表有原始观测数据报表和平差结果报表两大类。

查看用于工具栏和状态栏的开启或关闭。

工具中的斜距化平、手簿通讯、格式转换和高差转换是与 COSA_ EREPS 电子手簿数据采集软件包配套使用的，目的在于实现地面控制测量内外业作业一体化和数据处理自动化。贯通误差影响值计算专为隧道洞外控制网而设计；叠置分析专为变形监测网的周期观测而设置；闭合差计算也包括附合线路闭合差；网图显绘可显示、打印网图并输出 CAD 图形文件。

设计包括生成正态标准随机数，生成设计的初始观测方案文件、初始观测值文件，可进行设计计算，提出和实现了基于观测值可靠性指标的平面网模拟优化设计算法。生成模拟网的功能在于测试软件的正确性、计算速度和网点规模。

坐标转换提供了坐标系之间坐标转换的工具，可作任意的换带计算。

1. 文件命名规则

CODAPS 系统处理对象是控制网，每一个控制网都用一个字符串作为控制网名。与某一控制网相关的所有文件，其文件名约定为以控制网名作为主文件名，用不同的后缀来表示该网的不同类型文件。例如，对平面控制网的观测值文件，其文件名为“网名 . IN2”，对平面网的平差结果文件，其文件名为“网名 . OU2”。CODAPS 采用控制网网名进行数据文件管理，文件命名规则见表 3-2（A 表示自动生成，M 表示手工生成）。

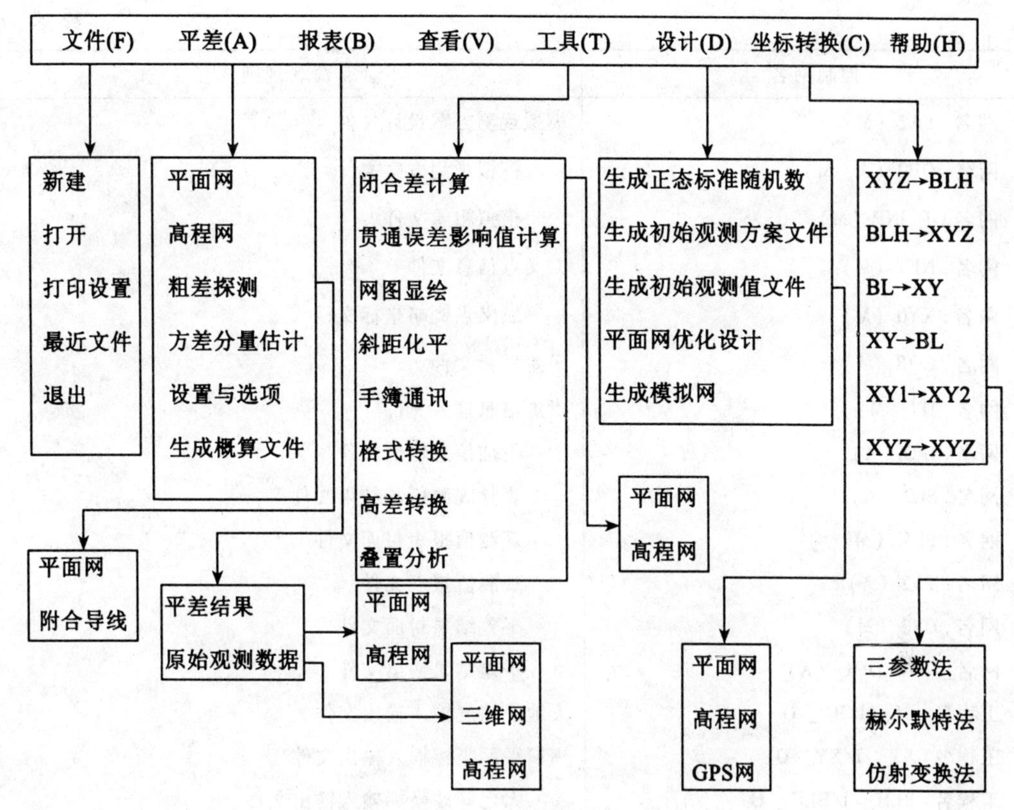

图 3-1 COSA_ CODAPS 的功能框图

表 3-2

控制网名	命名规则
网名.PG0（A）	二、三维网原始观测值文件
网名.SV（M）	斜距改化文件
网名.IN2（A、M）	平面观测值文件
网名.OU2（A）	平差结果文件
网名.OUC（A）	粗差定值定位后平差结果文件
网名.OUF（A）	方差分量估计后平差结果文件
网名.MAP（A）	平面网绘图文件
网名.DXY（A）	叠置分析结果文件
网名.CT（M）	偏心文件
网名.XYH（A）	概算文件
网名.CLI（A、M）	闭合差计算输入文件
网名.CLO（A）	闭合差计算输出文件
网名.GTI（M）	贯通误差影响值计算输入文件
网名.GTO（A）	贯通误差影响值计算输出文件

续表

控制网名	命名规则
网名 . FA2 （M）	模拟观测方案设计文件
网名 . OB2 （A、M）	模拟观测方案文件
网名 GE. INP （M）	模拟粗差文件
网名 . NET （M）	二义点信息文件
网名 . XY0 （M）	二义点概略坐标文件
网名 . COR （A）	平差坐标文件
网名 . IFI （M）	附加信息输入文件
网名 . IFO （A）	附加信息输出文件
网名 . SC2 （A）	删除观测值的结果文件
网名 . PFM （M）	观测值报表封面文件
网名 . TA2 （A）	观测值报表文件
网名 . CV2 （M）	平差结果封面文件
网名_ RT2. DOC （A）	平差结果输出文件
工程名 . BL_ I/BL_ O	大地经纬度输入输出文件
工程名 . XY_ I/XY_ O	高斯平面坐标输入输出文件
工程名 . BLH_ I/BLH_ O	大地椭球坐标输入输出文件
工程名 . XYZ_ I/XYZ_ O	大地直角坐标输入输出文件
工程名 . XYXY_ I/ XYXY_ O	二维坐标变换输入输出文件
工程名 . XYZXYZ_ I/ XYZXYZ_ O	三维坐标变换输入输出文件
网名_ TA2. DOC （A）	二、三维控制原始数据报表文件

2. 输入数据文件结构

CODAPS 系统将观测值精度信息、已知点坐标、平面观测值组织到一个文件中（网名 . IN2），是最主要的输入数据文件。

平面观测值文件为标准的 ASCⅡ码文件，可以使用任何文本编辑器建立编辑和修改，其结构如下：

Ⅰ
方向中误差 1，测边固定误差 1，比例误差 1 [，精度号 1]
方向中误差 2，测边固定误差 2，比例误差 2 [，精度号 2]
……
方向中误差 n，测边固定误差 n，比例误差 n [，精度号 n]
已知点点号，X 坐标，Y 坐标
……

Ⅱ
测站点点号
照准点点号，观测值类型，观测值 [，观测值精度]
……

该文件分为两部分：第一部分为控制网的已知数据，包括先验的方向观测精度、先验测边精度和已知点坐标（见文件的Ⅰ部分）；第二部分为控制网的测站观测数据（见文件的Ⅱ部分），包括方向、边长、方位角观测值。为了文件的简洁和统一，我们将已知边和已知方位角也放到测站观测数据中，它们和相应的观测边和观测方位角有相同的观测值类型，但其精度值赋“0”，即权为无穷大。

第一部分的排列顺序为：第一行为方向中误差，测边固定误差，测边比例误差。若为纯测角网，则测边固定误差和比例误差不起作用；若为纯测边网，方向误差也不起作用，这时可输一个默认值“1”。程序始终将第一行的方向中误差值作为单位权中误差。若只有一种（或称为一组）测角、测边精度，则可不输入精度号。这时，从第二行开始为已知点点号及其坐标值，每一个已知点数据占一行。若有几种测角测边精度，则需按精度分组，组数为测角、测边中最多的精度种类数，每一组占一行，精度号输入1，2，…（表3-3）。如有两种测角精度，三种测边精度，则应分成三组。

方向中误差单位为秒，测边固定误差单位为毫米，测边比例误差单位为ppm。第一行的三个值都必须赋值。对于纯测角网，测边的固定误差和比例误差可输任意两个数值，如5，3；对于纯测边网，方向中误差赋为1.0。已知点点号（或点名，下同）为字符型数据，可以是数字、英文字母（大小写均可）、汉字或它们的组合（测站点，照准点亦然），X、Y坐标以米为单位。

第二部分的排列顺序为：第一行为测站点点号，从第二行开始为照准点点号，观测值类型，观测值和观测值精度。在同测站上的方向和边长观测值必须按顺时针顺序排列。边角同测时，边长观测值最好紧放在方向观测值的后面。每一个有观测值的测站在文件中只能出现一次。没有设站的已知点（如附合导线的定向点）和未知点（如前方交会点）在第二部分不必也不能给出任何虚拟测站信息。观测值分三种，分别用一个字符（大小写均可）表示：L表示方向，以度分秒为单位；S表示边长，以米为单位；A表示方位角，以度分秒为单位。观测值精度与第一部分中的精度号相对应，若只有一组观测精度，则可省略；否则在观测值精度一栏中必须输入与该观测值对应的精度号（表3-3）。已知边长和已知方位角的精度值一定要输“0”。

表3-3　　**多组精度情况的IN2文件示例**

```
1.800, 3.000, 2.000, 1
3.000, 5.000, 3.000, 2
5.000, 5.000, 5.000, 3
k1,    2800.000000,    2400.000000
k4,    2400.000000,    3200.000000
……
k1
        k2, L, 0.0000, 1
        k5, L,    44.595993, 1
        k6, L,    89.595993, 1
        k7, L,   135.000120, 1
```

续表

```
k4
        p5, L, 0.0000, 2
        p5, S,    200.004728, 2
        p3, L,    90.000031, 2
……
```

如果边长是单向观测，则只需在一个测站上给出其边长观测值。如果是对向观测的边，则按实际观测情况在每一测站上输入相应的边长观测值，程序将自动对往返边长取平均值并作限差检验和超限提示；如果用户已将对向边长取平均值，则可对第一个边长（如往测）输入均值，对第二个边长输入一个负数，如“-1”。对向观测边的精度高于单向观测边的精度，但不增加观测值个数。

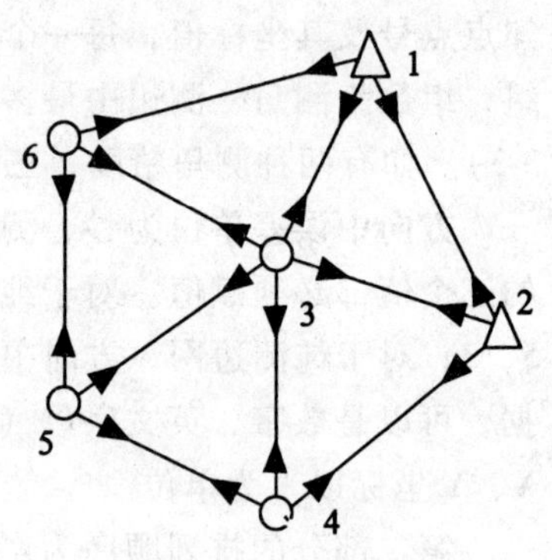

图 3-2　测角网网图

平面观测值文件中的测站顺序可以任意排列。

图 3-2 为某一测角网的网图，其相应的平面观测值文件 *.IN2 的数据格式见表 3-4。对于有多组测角、测边精度的网，其平面观测值文件见表 3-4。

表 3-4　　**IN2 文件示例（仅一组精度的情况）**

```
    0.7, 3, 3
    1, 3730958.610, 264342.591
    2, 3714636.8876, 276866.0832
    1
    2, L, 0
    3, L, 27.362557
    6, L, 83.435791
    2
    4, L, 0
    3, L, 74.593577
    1, L, 105.481560
    4
    5, L, 0
    3, L, 41.334905
    2, L, 77.283653
    5
    6, L, 0
    3, L, 58.405347
    4, L, 155.514999
```

续表

6
1，L，0
3，L，57.240198
5，L，117.072390
3
1，L，0
2，L，121.345421
4，L，190.403024
5，L，231.554475
6，L，293.313088

3. 控制网观测值文件的生成

在 CODAPS 系统中，控制网观测值文件的生成有五种方法：第一种方法是利用通用文本编辑软件人工建立，这适合手工记录野外观测数据的情况；第二种方法是在野外利用 COSA 系统的子系统 COSA_ EREPS 自动采集数据，传输到微机，通过“工具”栏的“格式转换”功能，全自动化地形成相应的平面观测值文件（文件的第 I 部分需要人工编辑）；第三种方法是人工建立“*.SV”文件，调用“工具”栏中的“斜距化平”功能，自动生成平面观测值文件；第四种方法是用模拟的方法生成平面和高程观测值文件，一般用于模拟设计计算；第五种方法是采用测量机器人网观测自动化软件，如 GEOBOROT_ Net，进行全自动化观测，由后处理软件自动生成平面观测值文件。第一种方法一般需要用户对方向、边长观测值作预处理，如方向改化、倾斜改正、归化投影改正等，文件中的观测值必须和已知点坐标协调一致，对应于某一坐标系和投影高程面。第二种方法中，COSA_ EREPS 已对边长作气象改正、仪器常数改正和倾斜改正，对高差已作曲率和折光改正，但未作方向改化、边长归化及投影改正。如需要进行上述改正计算，可使用程序所提供的概算功能。

（1）手工建立控制网观测值文件

启动 COSA_ CODAPS 后，用鼠标单击“文件”，主菜单中弹出如图 3-3 所示的下拉菜单，选择其中的“新建”，主菜单窗口便会弹出一个文本编辑窗口，按照前面所述的文件格式，输入控制网的起算数据和观测数据，如图 3-4 所示。输完各种数据后，存盘关闭文本编辑窗口，即完成了控制网观测值文件的建立。

（2）自动建立控制网观测值文件

自动建立控制网观测值文件建立在外业使用科傻系统的子系统 COSA_ EREPS 进行外业观测数据自动采集的基础上，使用 COSA_ CODAPS 的“手簿通讯”和“数据转换”功能，直接形成控制网观测值文件，参见 3.6 节和 3.7 节；或者采用测量机器人网观测自动化软件，如 GEOBOROT_ Net，进行全自动化观测，由后处理软件自动生成平面观测值文件。

4. 设置与选项

在平差前，一般还需要对平差过程中的某些参数进行设置，如平差迭代限值、边长定

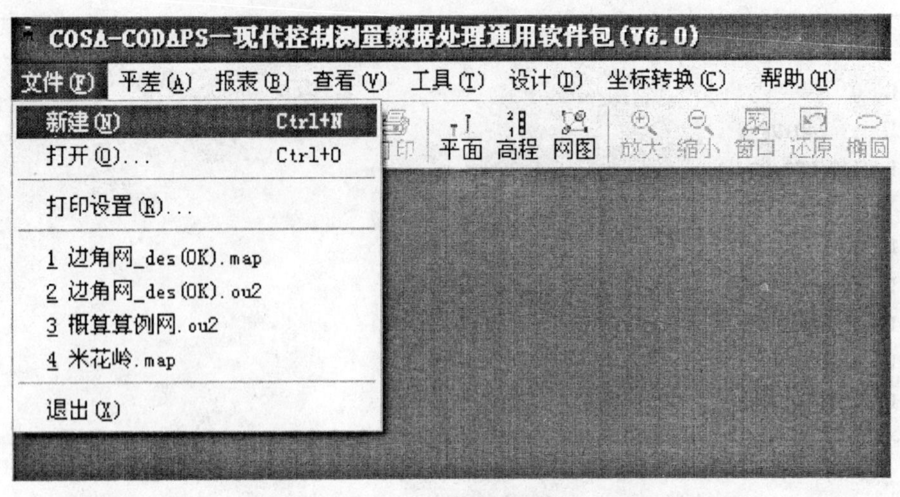

图 3-3 新建文件

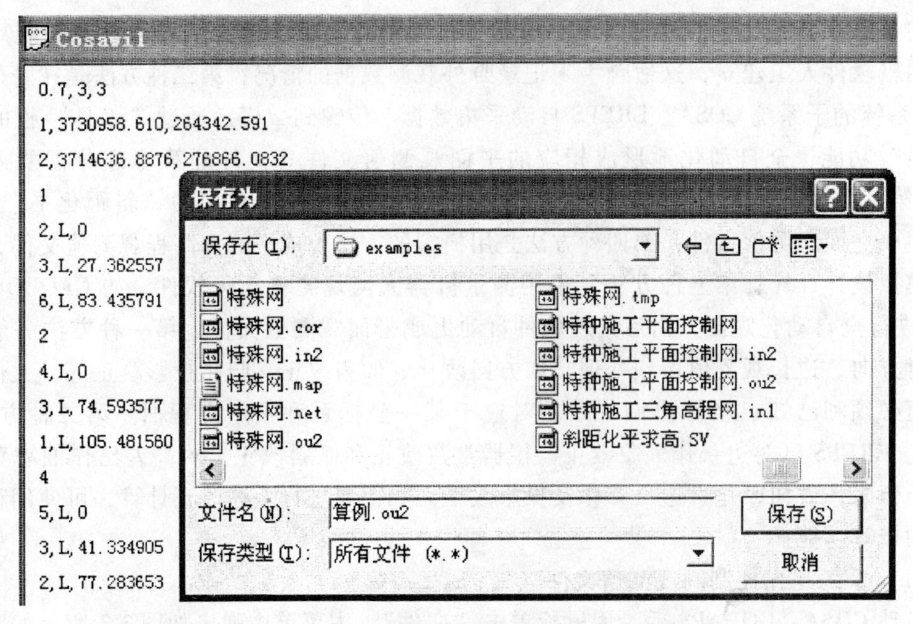

图 3-4 保存数据文件

权公式；精度评定时是使用先验单位权中误差还是后验中误差；是否作网点优化排序；是否作观测值概算；是否设置用边长交会推算网点近似坐标，等等。设置是通过“平差”主菜单下的“设置”来完成的，在“平差”菜单栏中选择“设置与选项”，则会弹出如图 3-5 所示的设置对话框，该设置包括平差、坐标常数和改正数、坐标系统以及粗差探测等。

（1）平差设置

平差设置界面如图 3-5 所示，包括了三个开关选择框、两组单选按钮设置框和三个编辑框。开关选择框用来确定某项功能的开或关，用鼠标单击左边的方框可以设置开关选择框的开关状态，当方框中有“√”标识符时，则表示该选择框处于“开”状态，否则为“关”状态。对于一组单选按钮设置框，一次只能选中其中的某一项，选中项的左侧圆圈

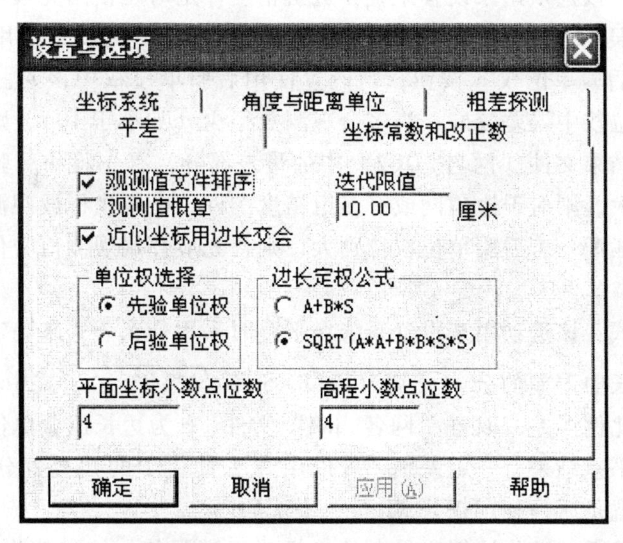

图 3-5 “设置与选项”对话框

中会出现一个黑点。

①观测值文件排序：当该选项处于选中状态时，则表示平差前程序先自动对原始观测值文件进行优化排序，否则表示平差前不排序。这项选择一般适合于大网（点数>500）或特殊网。对于大型网，观测值文件优化排序后，可以提高平差计算速度。此外，通过该项选择，对于较复杂的网，点的近似坐标计算会有影响，如增减迭代计算次数、迭代收敛或不收敛等。因此是否选择此项，可通过试算确定。

②观测值概算：当该选项处于选中状态时，则表示在平差前首先要对原始观测值进行概算。若要进行概算，需要首先在“平差”栏中点击“生成概算文件”，并对该文件作必要编辑；若不进行概算，则关闭该项。

③近似坐标用边长交会：当该选项处于选中状态时，表示推算近似坐标用边长前方交会，否则在推算近似坐标时不使用边长交会。这项选择适用于只有少量方向的边角网或混合网，对于单纯的测边网，必须打开该项，否则网点近似坐标推算将不能进行。

需要说明的是：由于边长交会的二义性，当交会某一点的边只有两条时，交会出的点可能是错误的，这时可以采用以下两种方法加以解决。

一是建立一个网形信息文件，文件名为“网名.NET”，该文件为标准 ASCII 文件，可以使用任意文本编辑器形成，其格式为：

点名 1，点名 2，点名 3

点名 1，点名 2，点名 3 为边长交会三角形的三个顶点，按逆时针方向排列，每一个三角形组合占一行。

二是建立一个交会点的概略坐标文件，文件名为“网名.XYO”，其格式为：

点名　概略坐标 X0　概略坐标 Y0

概略坐标可以很粗糙，且只需要有二义性的交会点。为了避免上述问题，布设纯测边网时，最好不要采用单三角形，应增加跨三角形的边，每个网点至少有三条边通过，这样可减少边长交会的二义性。

④单位权选择：该选项用来设置系统在进行精度评定时是使用先验单位权中误差还是使用后验单位权中误差，用鼠标单击“先验单位权”按钮，则设置使用先验单位权中误差；用鼠标单击“后验单位权”按钮，则设置使用后验单位权中误差。当多余观测数较多时，使用后验单位权中误差较好；当多余观测数很少（如小于10），则用先验单位权中误差为宜。在平差结果文件“网名.OU2”中的最末部分，有先验和后验单位权中误差信息，若两者相差较大，则对于边角网或有多组精度的网，已知坐标或观测值中可能含有粗差，或边角精度不匹配。若后验单位权特别大，则首先应怀疑观测值文件有错误，或者近似坐标推算出错。

⑤边长定权公式：该选项用来设置系统在平差时采用什么公式来确定边长观测值的中误差，两种计算边长中误差的公式分别为 $A+B\times S$ 和 $\sqrt{A^2+B^2\times S^2}$，式中，A、B 分别为测距仪的固定误差和比例误差，取自“网名.in2”文件，S 为边长值，单位为公里。由于边长定权公式不同，平差结果有一定差别，可以用“工具”中的“叠置分析”功能进行比较。系统的缺省设置是后一种定权公式。

⑥迭代限值：是平差迭代计算中最大的坐标改正数限值，缺省值为 10 厘米。若需要改变此项设置，可以直接在编辑框中输入所要设定的值。当最大坐标改正数小于限值时，停止迭代，进行平差精度评定。对于精度要求很高的网，可设置小一些（如 1cm）。如果平差迭代计算中最大坐标改正数很大且不收敛，则应考虑观测值文件的数据有错，或推算近似坐标出错。

设置完上述相应的选项后，用鼠标单击“确认”或“应用（A）”按钮，则接受更改的设置，否则单击“取消”，则放弃更改的设置而保持以前的设置。

（2）坐标系统设置

在如图 3-5 所示的对话框中，用鼠标击“坐标系统”标签，则弹出坐标系统设置表，其界面如图 3-6 所示，该功能为在概算和坐标转换提供参数值。

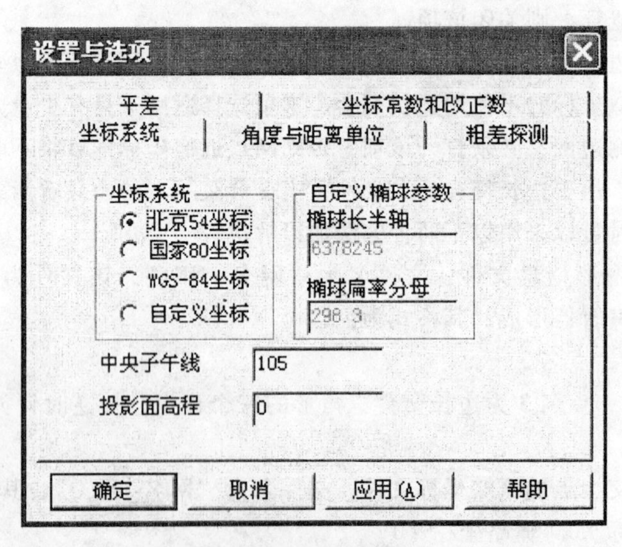

图 3-6　设置坐标系统

①坐标系统：组合框“坐标系统”中的单选按钮用来设置投影改正时采用的椭球系

统，用户可以从系统所提供的北京 54 坐标、国家 80 坐标、WGS-84 坐标以及自定义坐标四种选项中任选一种。当选择自定义坐标时，需要用户自己定义椭球的长半轴和椭球的扁率分母，长半轴输入值以米为单位。

②中央子午线：该编辑框用来输入测区所处投影带中央子午线的经度值，输入格式为 DDD. MMSS。

③投影面高程：在该编辑框中，用户可以输入控制网所要投影到的高斯投影面的大地高，以米为单位，缺省设置是：坐标系统为北京 54 坐标系统，中央子午线为 111 度，投影面大地高为零。用户应特别注意平面控制网中的已知点坐标是属于哪个坐标系统，哪条中央子午线，哪个投影高程面。对于独立坐标系下的工程控制网，关键是投影高程面的正确确定。

（3）粗差探测设置

“粗差探测”用于设定方差比及粗差倍值、改正数倍值两个阈值（图 3-7）。方差比取值一般为 1.05 ~1.20，值愈小，则所能探测到的粗差愈小（如 3 ~4 倍的观测误差）。但方差比不要小于 1，粗差倍值取值应大于 3。改正数倍值可取 1.5 ~2.5，该值愈小，计算工作量愈大。

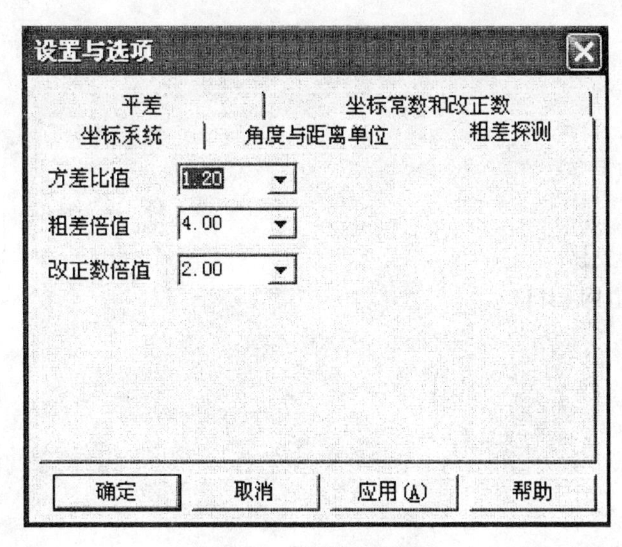

图 3-7　粗差探测设置

5. 生成概算用文件

当平面观测值文件中的方向、边长观测值需要概算时，调用此功能可自动生成概算用文件中的近似坐标部分，若有该网的高差观测值文件，则同时生成近似高程。

自动生成概算所需要文件“网名 . XYH”后，还需人工编辑该文件，如添加每个网点的近似高程，对于精度要求较高的平面网，还要输入每个测站上的觇标高、高程异常以及垂线偏差的子午分量和卯酉分量等附加量，以便对观测值作三差改正。对于一般网，可不考虑三差改正，不必输入后四项，即上述附加量均自动作“0”处理。

概算文件是一个标准 ASCII 格式文件，其结构如下：

网点点名，X，Y，H，BH，N，ζ，η

该文件中每一网点的概算信息占一行，其中，X、Y、H 为该点的近似三维坐标；BH 为觇标高，以米为单位；N 为高程异常，以米为单位；ζ 和 η 为该点垂线偏差的子午和卯酉分量，以秒为单位。只有在网的精度要求较高时，才需要输入后面的四项。但前面三项是必须有的，当只有前三项时，后四项自动作"0"处理。

概算文件实例（概算算例网 . XYH）：

1	3730958. 6100	264342. 5910	535. 7	8. 0	1. 3	3. 4	-0.7
2	3714636. 8876	276866. 0832	203. 9	8. 0	1. 1	4. 0	2. 5
4	3700347. 1407	266213. 9081	376. 0	8. 1	1. 6	0. 6	3. 7
5	3709621. 8715	258215. 6696	182. 0	7. 9	1. 1	1. 0	1. 4
6	3721646. 7827	254621. 4564	166. 2	7. 8	1. 0	0. 8	3. 4
3	3718773. 3604	266467. 5123	179. 6	7. 9	1. 5	2. 8	1. 4

6. 附加信息文件

对平面网，若人工建立"网名 . IFI"文件，则在平差时自动读取该文件，并生成"网名 . IFO"附加信息文件。

"网名 . IFI"的结构为：

R_ PRECISION

点对 1

……

QXX_ MATRIX

点号 1，…，点号 K

L_ CONSTANT

文件实例（隧道网 . IFI）：

R_ PREcision

2，3

13，31

13，21

13，171

21，171

Qxx_ matrix

2，3，13

31，21，171

L_ constant

"网名 . IFO"的附加信息内容包括给定点对的相对误差信息、给定点的协因数阵、每个观测值误差方程式的常数项（用于检查粗差）。

7. 普通控制网平差

准备好控制网观测值文件，并设置有关参数以后，即可进行平差处理。如果控制网的范围较小，高程变化也较小，且为独立的工程坐标系，已知点的 Y 坐标值较小，或者平面观测值文件中的观测值已经经过了各种归化改正，则可直接进行平差处理。如果控制网的已知点坐标是国家54或80坐标系下的坐标，且Y坐标值较大（即测区离中央子午线较远），平面观测值文件中的边长、方向值也没有经过概算，则需要利用概算功能对方向和边长观测值进行三差改正以及归化和投影改正计算，然后才能进行平差。

如果观测值文件中的边长、方向观测值需要进行改化计算，则需先在“设置与选项”中进行相应选择，并在“平差”下拉菜单中的“生成概算文件”形成概算用文件，再用鼠标单击“平差”栏中的“平面网”或单击工具条中平差快捷键，将自动进行概算、组成并解算法方程、法方程求逆和精度评定及成果输出等工作，平差结果存于平面平差结果文件“网名.OU2”，并自动打开以供查看。

8. 自由网平差

(1) 数据文件准备

在变形监测中有时会遇到自由网平差，属于内约束平差。和经典网平差一样，首先要准备好观测文件，观测文件和经典网的观测文件（IN2文件）的格式一样，唯一的区别是在IN2文件中不能输入已知点坐标，即所有点都作为未知点。

除了观测值文件外，还需要准备另外一个文件，即近似坐标文件：网名.XY0，格式如下：

点名，近似X值，近似Y值，拟稳点标记

其中，“拟稳点标记”用于标记该点是否为拟稳点，该值若为1，表示该点为拟稳点；若为0，则表示该点为非拟稳点。若不输入“拟稳点标记”项，则该点默认为拟稳点。

对于近似平面坐标的计算，可以采用软件中的普通网平差功能来获得。

(2) 平差计算

平差计算的过程和普通网平差类似，点击“自由网平差”菜单中的“平面网”菜单项，完成相应的平差。

9. 高铁CPIII网平差

高铁CPIII网是一种非常特殊的网，是高速铁路工程建设中所出现的一种新的网形，它是一种狭长的网，网点较多、较密，网点成对出现，相邻两对点间的距离约60米，主要采用自由设站加边角交会的方法构网，最长的边不到200米，测站点无标石标志，不使用测站的坐标，而在未知点上不架设仪器。CPIII网需要采用高精度仪器进行全自动化观测，平差模型并不复杂，网也很坚强，但是由于出现一些接近0和180°的角度，要求计算近似坐标的精度很高。另外，外业中如果有点号或其他的错误未被发现并改正，平差时就会出现错误，且难以找到出错的地方。要求外业观测时做到天天进行数据传输、预处理和检查。高铁CPIII菜单包括平差、粗差定位定值、方差分量估算、弦长闭合差和CPIII设置。

(1) 数据文件准备

CPIII网平差所需要的观测值文件与一般控制网的*.IN2文件完全相同，但该文件较大，需要全自动化生成。CPIII网一般采用配置有自动化观测软件（如GEOROBOT_ Net）的测量机器人（如TCA2003）进行全自动化的观测，通过后处理软件，可自动生成CPIII网平差的*.IN2文件。

(2) 平差计算

CPIII网平差计算前，一般先作CPIII设置，如图3-8所示，一般弦长判断限值取15米，相邻点判断限值取100米；然后做弦长闭合差计算，弦长闭合差是衡量CPIII网质量的一项指标。

如果出现后验单位权中误差（如 0.86）显著大于先验单位权中误差（0.50），而 CPIII 网的多余观测值数（如 1246）和平均多余观测值数（如 0.575）都比较大，则说明观测值或已知坐标中存在粗差，需要进行粗差定值定位，并作方差分量估计。

通过将“*.MAP”生成 DXF 格式的 CAD 文件，用作图的方法也可以发现 CPIII 网的个别错误（如点号输错）。

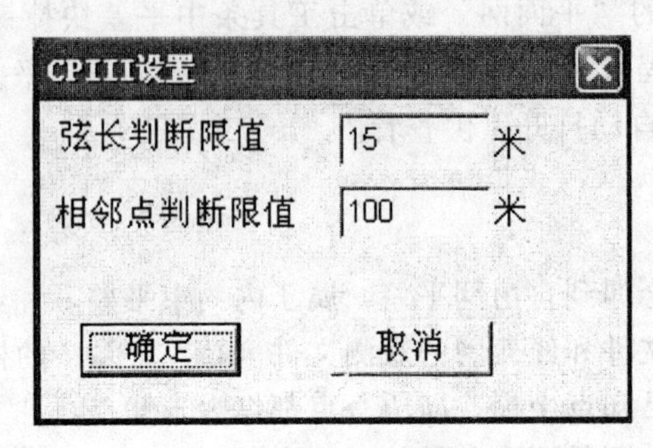

图 3-8　CPIII 设置

3.3.2　平面网平差算例

1. 普通边角网

如图 3-9 所示的平面控制网，采用全站仪进行观测，地面平距和水平方向见表 3-5，各点高程见表 3-6，测距固定误差为 3mm，比例误差为 3ppm，方向中误差为 1.3″，G001、G009、G010 为已知点，其坐标（x，y）分别为：G001（4590341.8410，501783.9820），G009（4566778.2550，509527.3870），G010（4564138.4610，496046.1670），坐标系统为 CGCS2000，y 坐标加常数为 500km，中央子午线为 117°，平均纬度为 41°20′。根据以上数据完成观测值的概算并进行平差。

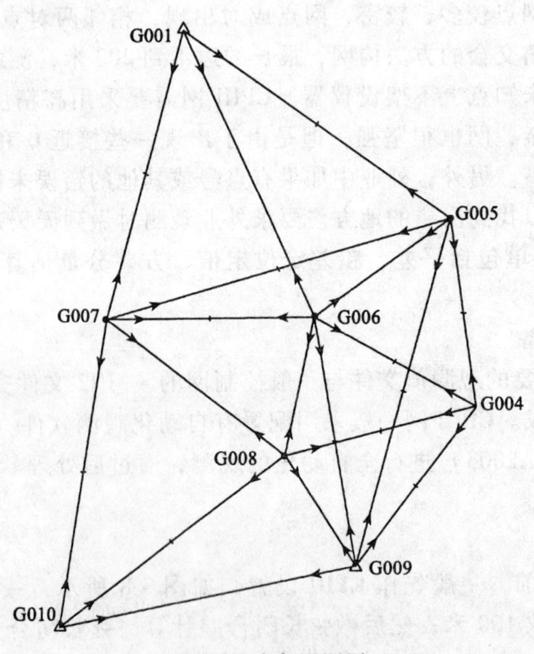

图 3-9　边角网网图

表 3-5　　　　　　　　地面平距 S (m) 和水平方向 L (DDD. MMSSSS)

G009			G006		
G005	*L*	0.00000	G005	*L*	0.00000
G005	*S*	15875.02116	G005	*S*	7547.47644
G004	*S*	8852.06029	G004	*L*	63.19074
G004	*L*	22.03222	G004	*S*	8329.83830
G010	*L*	243.10366	G009	*L*	114.59401
G008	*L*	310.48213	G009	*S*	11136.65256
G008	*S*	5777.08530	G008	*S*	6288.89308
G006	*S*	11136.65256	G008	*L*	136.38089
G006	*L*	334.28324	G007	*L*	214.14283
G010			G007	*S*	9383.46667
G007	*L*	0.00000	G001	*L*	279.50412
G007	*S*	13706.21820	G001	*S*	13882.83442
G008	*S*	12715.45272	G007		
G008	*L*	44.48467	G001	*L*	0.00000
G009	*L*	69.39245	G001	*S*	13159.38576
G005			G005	*S*	16189.75850
G004	*L*	0.00000	G005	*L*	58.41375
G004	*S*	8359.95553	G006	*L*	73.54034
G009	*L*	23.25466	G006	*S*	9383.46667
G009	*S*	15875.02116	G008	*S*	10112.69164
G006	*L*	62.54391	G008	*L*	111.18069
G006	*S*	7547.47644	G010	*S*	13706.21820
G007	*S*	16189.75850	G010	*L*	173.41582
G007	*L*	81.56391	G001		
G001	*L*	132.11285	G005	*L*	0.00000
G001	*S*	14624.28101	G005	*S*	14624.28101
G008			G006	*S*	13882.83442
G006	*L*	0.00000	G006	*L*	30.33520
G006	*S*	6288.89308	G007	*L*	71.03384
G004	*L*	63.58004	G007	*S*	13159.38576
G004	*S*	8880.23799	G004		

续表

G009	L	134.41226	G009	L	0.00000
G009	S	5777.08530	G009	S	8852.06029
G010	S	12715.45272	G008	S	8880.23799
G010	L	222.13004	G008	L	38.01394
G007	L	295.00251	G006	L	80.44401
G007	S	10112.69164	G006	S	8329.83830
			G005	S	8359.95553
			G005	L	134.30585

表 3-6　　已知高程（m）

点名	H（m）	点名	H（m）
G001	206.2798	G007	166.0677
G004	23.8765	G008	84.7839
G005	108.416	G009	8.2956
G006	113.4507	G010	130.5577

①利用已知点和表 3-5 中的观测数据求解近似坐标，并与表 3-5 中已知高程联合形成概算用文件（边角网_ 1.xyh），见表 3-7。

表 3-7　　数据文件（边角网_ 1.xyh）

点名	x（m）	y（m）	H（m）
G001	4590341.8410	501783.9820	206.2798
G009	4566778.2550	509527.3870	8.2956
G010	4564138.4610	496046.1670	130.5577
G004	4573772.7297	514952.9096	23.8765
G005	4582057.5482	513835.0907	108.4160
G006	4577753.0534	507635.6073	113.4507
G007	4577665.6034	498252.5917	166.0677
G008	4571598.5085	506343.0057	84.7839

②将地面平距和水平方向归化到高斯平面上，结果见表 3-8。

表 3-8　　　　　　　高斯平面上的平距（*S*）和水平方向（*L*）

测站	照准点	类型	值	测站	照准点	类型	值
G009				G006			
	G005	*L*	0.00000		G005	*L*	0.00000
	G005	*S*	15874.90668		G005	*S*	7547.35664
	G004	*S*	8852.05524		G004	*L*	63.19076
	G004	*L*	22.03224		G004	*S*	8329.76280
	G010	*L*	243.10371		G009	*L*	114.59405
	G008	*L*	310.48216		G009	*S*	11136.55758
	G008	*S*	5777.04783		G008	*S*	6288.79918
	G006	*S*	11136.55758		G008	*L*	136.38091
	G006	*L*	334.28325		G007	*L*	214.14284
G010					G007	*S*	9383.26405
	G007	*L*	0.00000		G001	*L*	279.50411
	G007	*S*	13705.90286		G001	*S*	13882.49290
	G008	*S*	12715.24181	G007			
	G008	*L*	44.48466		G001	*L*	0.00000
	G009	*L*	69.39244		G001	*S*	13159.00337
G005					G005	*S*	16189.42619
	G004	*L*	0.00000		G005	*L*	58.41374
	G004	*S*	8359.89055		G006	*L*	73.54034
	G009	*L*	23.25468		G006	*S*	9383.26405
	G009	*S*	15874.90668		G008	*S*	10112.49519
	G006	*L*	62.54389		G008	*L*	111.18069
	G006	*S*	7547.35664		G010	*S*	13705.90286
	G007	*S*	16189.42619		G010	*L*	173.41581
	G007	*L*	81.56389	G001			
	G001	*L*	132.11280		G005	*L*	0.00000
	G001	*S*	14623.93667		G005	*S*	14623.93667
G008					G006	*S*	13882.49290
	G006	*L*	0.00000		G006	*L*	30.33520
	G006	*S*	6288.79918		G007	*L*	71.03383
	G004	*L*	63.58005		G007	*S*	13159.00337
	G004	*S*	8880.17622	G004			
	G009	*L*	134.41228		G009	*L*	0.00000

续表

G009	*S*	5777.04783	G009	*S*	8852.05524
G010	*S*	12715.24181	G008	*S*	8880.17622
G010	*L*	222.13006	G008	*L*	38.01392
G007	*L*	295.00252	G006	*L*	80.44397
G007	*S*	10112.49519	G006	*S*	8329.76280
			G005	*S*	8359.89055
			G005	*L*	134.30580

③平差结果：见表 3-9。

表 3-9　　平差结果

近似坐标		
Name	X（m）	Y（m）
G001	4590341.841	501783.982
G009	4566778.255	509527.387
G010	4564138.461	496046.167
G005	4582057.548	513835.051
G008	4571598.498	506343.007
G006	4577752.957	507635.608
G007	4577665.596	498252.599
G004	4573772.732	514952.899

方向平差结果

FROM	TO	TYPE	VALUE（dms）	M（sec）	V（sec）	RESULT（dms）	Ri
G001	G005	L	0.000000	1.30	1.17	0.000117	0.65
G001	G006	L	30.335204	1.30	−0.93	30.335111	0.66
G001	G007	L	71.033832	1.30	−0.24	71.033808	0.65
G009	G005	L	0.000000	1.30	1.85	0.000185	0.78
G009	G004	L	22.032242	1.30	−0.25	22.032217	0.76
G009	G010	L	243.103708	1.30	−0.85	243.103623	0.76
G009	G008	L	310.482158	1.30	−0.27	310.482131	0.72
G009	G006	L	334.283254	1.30	−0.47	334.283207	0.78
G010	G007	L	0.000000	1.30	1.46	0.000146	0.65

续表

FROM	TO	TYPE	VALUE (dms)	M (sec)	V (sec)	RESULT (dms)	Ri
G010	G008	L	44. 484664	1. 30	−0. 78	44. 484586	0. 66
G010	G009	L	69. 392436	1. 30	−0. 68	69. 392368	0. 66
G005	G004	L	0. 000000	1. 30	2. 01	0. 000201	0. 73
G005	G009	L	23. 254680	1. 30	−0. 10	23. 254670	0. 78
G005	G006	L	62. 543889	1. 30	−0. 41	62. 543848	0. 75
G005	G007	L	81. 563889	1. 30	−0. 41	81. 563848	0. 78
G005	G001	L	132. 112796	1. 30	−1. 09	132. 112687	0. 74
G008	G006	L	0. 000000	1. 30	1. 92	0. 000192	0. 71
G008	G004	L	63. 580047	1. 30	−0. 31	63. 580016	0. 74
G008	G009	L	134. 412279	1. 30	−0. 04	134. 412275	0. 67
G008	G010	L	222. 130058	1. 30	−0. 73	222. 125985	0. 76
G008	G007	L	295. 002515	1. 30	−0. 84	295. 002431	0. 72
G006	G005	L	0. 000000	1. 30	1. 97	0. 000197	0. 72
G006	G004	L	63. 190764	1. 30	−0. 32	63. 190732	0. 77
G006	G009	L	114. 594045	1. 30	−0. 05	114. 594040	0. 79
G006	G008	L	136. 380911	1. 30	−0. 29	136. 380882	0. 74
G006	G007	L	214. 142838	1. 30	−0. 50	214. 142788	0. 74
G006	G001	L	279. 504111	1. 30	−0. 81	279. 504030	0. 74
G007	G001	L	0. 000000	1. 30	2. 29	0. 000229	0. 73
G007	G005	L	58. 413743	1. 30	−0. 45	58. 413698	0. 78
G007	G006	L	73. 540340	1. 30	−0. 49	73. 540291	0. 76
G007	G008	L	111. 180687	1. 30	−0. 64	111. 180623	0. 77
G007	G010	L	173. 415807	1. 30	−0. 70	173. 415737	0. 73
G004	G009	L	0. 000000	1. 30	2. 15	0. 000215	0. 69
G004	G008	L	38. 013924	1. 30	−0. 53	38. 013871	0. 72
G004	G006	L	80. 443971	1. 30	−0. 75	80. 443896	0. 72
G004	G005	L	134. 305800	1. 30	−0. 86	134. 305714	0. 66

方向最小多余观测分量：0. 65 (G010---> G007)

方向最大多余观测分量：0. 79 (G006---> G009)

方向平均多余观测分量：0. 73

方向多余观测数总和： 26. 14

距离平差结果

FROM	TO	TYPE	VALUE (m)	M (cm)	V (cm)	RESULT (m)	Ri
G001	G005	S	14623. 93667	3. 109	-3. 605	14623. 90062	0. 50
G001	G006	S	13882. 49290	2. 953	-5. 596	13882. 43694	0. 82
G001	G007	S	13159. 00337	2. 799	-5. 541	13158. 94796	0. 61
G009	G005	S	15874. 90668	3. 374	-0. 397	15874. 90271	0. 78
G009	G004	S	8852. 05524	1. 890	0. 045	8852. 05569	0. 39
G009	G008	S	5777. 04783	1. 244	-1. 341	5777. 03442	0. 30
G009	G006	S	11136. 55758	2. 372	-1. 421	11136. 54337	0. 75
G010	G007	S	13705. 90286	2. 915	-2. 377	13705. 87909	0. 65
G010	G008	S	12715. 24181	2. 706	-2. 194	12715. 21987	0. 72
G005	G004	S	8359. 89055	1. 786	0. 198	8359. 89253	0. 28
G005	G006	S	7547. 35664	1. 615	-0. 369	7547. 35295	0. 31
G005	G007	S	16189. 42619	3. 441	0. 294	16189. 42913	0. 71
G008	G006	S	6288. 79918	1. 351	-1. 110	6288. 78808	0. 32
G008	G004	S	8880. 17622	1. 896	-0. 338	8880. 17284	0. 46
G008	G007	S	10112. 49519	2. 156	-0. 797	10112. 48722	0. 45
G006	G004	S	8329. 76280	1. 780	-0. 045	8329. 76235	0. 38
G006	G007	S	9383. 26405	2. 002	0. 211	9383. 26616	0. 43

边长最小多余观测分量：0. 28 (G005---> G004)
边长最大多余观测分量：0. 82 (G001---> G006)
边长平均多余观测分量：0. 52
边长多余观测数总和： 8. 86

平差坐标及其精度

Name	X (m)	Y (m)	MX (cm)	MY (cm)	MP (cm)	E (cm)	F (cm)	T (dms)
G001	4590341. 8410	501783. 9820						
G009	4566778. 2550	509527. 3870						
G010	4564138. 4610	496046. 1670						
G005	4582057. 5350	513835. 0709	1. 679	2. 171	2. 744	2. 243	1. 581	110. 4817
G008	4571598. 4300	506343. 0441	1. 109	1. 408	1. 793	1. 468	1. 028	66. 3709
G006	4577752. 9467	507635. 6309	1. 202	1. 810	2. 172	1. 818	1. 189	82. 4103

续表

Name	X (m)	Y (m)	MX (cm)	MY (cm)	MP (cm)	E (cm)	F (cm)	T (dms)
G007	4577665. 5456	498252. 7718	1. 695	1. 930	2. 569	1. 945	1. 677	75. 3245
G004	4573772. 7164	514952. 9192	1. 663	1. 667	2. 355	1. 836	1. 475	134. 4260

Mx 均值： 1. 47　　My 均值： 1. 80　　Mp 均值： 2. 33

最弱点及其精度

Name	X(m)	Y(m)	MX(cm)	MY(cm)	MP(cm)	E(cm)	F(cm)	T(dms)
G005	4582057. 5350	513835. 0709	1. 679	2. 171	2. 744	2. 243	1. 581	110. 4817

网点间边长、方位角及其相对精度

FROM	TO	A(dms)	MA(sec)	S(m)	MS(cm)	S/MS	E(cm)	F(cm)	T(dms)
G001	G005	124. 302118	0. 23	14623. 9006	2. 21	661000	2. 24	1. 58	110. 4817
G001	G006	155. 041113	0. 26	13882. 4369	1. 26	1102000	1. 82	1. 19	82. 4103
G001	G007	195. 335809	0. 29	13158. 9480	1. 75	753000	1. 95	1. 68	75. 3245
G009	G005	15. 444101	0. 29	15874. 9027	1. 59	1000000	2. 24	1. 58	110. 4817
G009	G004	37. 480132	0. 43	8852. 0557	1. 48	598000	1. 84	1. 47	134. 4260
G009	G008	326. 330047	0. 52	5777. 0344	1. 04	553000	1. 47	1. 03	66. 3709
G009	G006	350. 131122	0. 34	11136. 5434	1. 19	936000	1. 82	1. 19	82. 4103
G010	G007	9. 155316	0. 29	13705. 8791	1. 72	795000	1. 95	1. 68	75. 3245
G010	G008	54. 043757	0. 17	12715. 2199	1. 45	877000	1. 47	1. 03	66. 3709
G005	G004	172. 185631	0. 48	8359. 8925	1. 53	547000	1. 94	1. 52	87. 5826
G005	G009	195. 444101	0. 29	15874. 9027	1. 59	1000000	2. 24	1. 58	110. 4817
G005	G006	235. 133279	0. 52	7547. 3529	1. 35	560000	1. 91	1. 35	141. 3433
G005	G007	254. 153278	0. 31	16189. 4291	1. 85	873000	2. 45	1. 84	156. 1526
G005	G001	304. 302118	0. 23	14623. 9006	2. 21	661000	2. 24	1. 58	110. 4817
G008	G006	11. 513964	0. 51	6288. 7881	1. 12	562000	1. 56	1. 11	95. 3021
G008	G004	75. 493788	0. 44	8880. 1728	1. 40	634000	1. 89	1. 40	165. 2245
G008	G009	146. 330047	0. 52	5777. 0344	1. 04	553000	1. 47	1. 03	66. 3709
G008	G010	234. 043757	0. 17	12715. 2199	1. 45	877000	1. 47	1. 03	66. 3709
G008	G007	306. 520203	0. 39	10112. 4872	1. 61	630000	1. 92	1. 60	34. 2256
G006	G005	55. 133279	0. 52	7547. 3529	1. 35	560000	1. 91	1. 35	141. 3433
G006	G004	118. 323814	0. 45	8329. 7624	1. 41	591000	1. 82	1. 40	21. 1606
G006	G009	170. 131122	0. 34	11136. 5434	1. 19	936000	1. 82	1. 19	82. 4103

续表

FROM	TO	A(dms)	MA(sec)	S(m)	MS(cm)	S/MS	E(cm)	F(cm)	T(dms)
G006	G008	191.513964	0.51	6288.7881	1.12	562000	1.56	1.11	95.3021
G006	G007	269.275870	0.42	9383.2662	1.52	617000	1.91	1.52	1.0125
G006	G001	335.041113	0.26	13882.4369	1.26	1102000	1.82	1.19	82.4103
G007	G001	15.335809	0.29	13158.9480	1.75	753000	1.95	1.68	75.3245
G007	G005	74.153278	0.31	16189.4291	1.85	873000	2.45	1.84	156.1526
G007	G006	89.275870	0.42	9383.2662	1.52	617000	1.91	1.52	1.0125
G007	G008	126.520203	0.39	10112.4872	1.61	630000	1.92	1.60	34.2256
G007	G010	189.155316	0.29	13705.8791	1.72	795000	1.95	1.68	75.3245
G004	G009	217.480132	0.43	8852.0557	1.48	598000	1.84	1.47	134.4260
G004	G008	255.493788	0.44	8880.1728	1.40	634000	1.89	1.40	165.2245
G004	G006	298.323814	0.45	8329.7624	1.41	591000	1.82	1.40	21.1606
G004	G005	352.185631	0.48	8359.8925	1.53	547000	1.94	1.52	87.5826

最弱边及其精度

FROM	TO	A(dms)	MA(sec)	S(m)	MS(cm)	S/MS	E(cm)	F(cm)	T(dms)
G005	G004	172.185631	0.48	8359.89253	1.527	547000	1.943	1.523	87.5826

单位权中误差和改正数带权平方和

先验单位权中误差：1.30

后验单位权中误差：1.31

多余观测值总数：35

平均多余观测值数：0.660

PVV1 = 59.689　PVV2 = 59.689

控制网总体信息

已知点数：	3	未知点数：	5
方向角数：	0	固定边数：	0
方向观测值数：	36	边长观测值数：	17
方向观测先验精度：1.30		边长观测先验精度（A，B）：3.00，3.00	

2. 附合导线

附合导线图如图 3-10 所示。

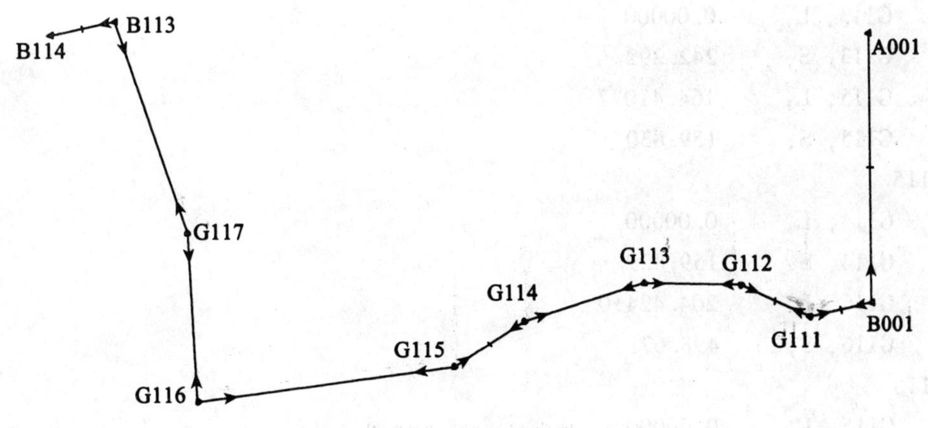

图 3-10　附合导线图

（1）输入文件（IN2 文件）

1.0，3.00，　　1.00
A001，　2810504.927，　50000.000
B001，　2810000.000，　49999.995
B113，　2810532.175，　48537.436
B114，　2810505.905，　48413.227

B001
　A001，L，　0.00000
　A001，S，　504.930
　G111，L，　257.10280
　G111，S，　125.645
G111
　B001，L，　0.00000
　B001，S，　125.645
　G112，L，　217.44560
　G112，S，　145.906
G112
　G111，L，　0.00000
　G111，S，　145.903
　G113，L，　156.27030
　G113，S，　188.789
G113
　G112，L，　0.00000
　G112，S，　188.787
　G114，L，　161.48442
　G114，S，　242.292
G114

G113, L, 0.00000
G113, S, 242.292
G115, L, 164.41077
G115, S, 159.830

G115

G114, L, 0.00000
G114, S, 159.829
G116, L, 204.42410
G116, S, 498.671

G116

G115, L, 0.00000
G115, S, 498.672
G117, L, 274.10333
G117, S, 317.414

G117

G116, L, 0.00000
G116, S, 317.415
B113, L, 163.53335
B113, S, 420.342

B113

G117, L, 0.00000
G117, S, 420.336
B114, L, 97.24263
B114, S, 126.967

（2）平差结果（表3-10）

表3-10 平差结果

近似坐标		
Name	X（m）	Y（m）
A001	2810504.927	50000.000
B001	2810000.000	49999.995
B113	2810532.175	48537.436
B114	2810505.905	48413.227
G111	2809972.110	49877.485
G112	2810033.597	49745.167
G113	2810038.126	49556.432
G114	2809968.044	49324.497
G115	2809883.045	49189.143
G116	2809818.679	48694.643
G117	2810135.581	48676.704

续表

方向平差结果							
FROM	TO	TYPE	VALUE (dms)	M (sec)	V (sec)	RESULT (dms)	Ri
B001	A001	L	0.000000	1.00	0.07	0.000007	0.15
B001	G111	L	257.102800	1.00	-0.07	257.102793	0.15
B113	G117	L	0.000000	1.00	0.75	0.000075	0.25
B113	B114	L	97.242630	1.00	-0.75	97.242555	0.25
G111	B001	L	0.000000	1.00	0.10	0.000010	0.12
G111	G112	L	217.445600	1.00	-0.10	217.445590	0.12
G112	G111	L	0.000000	1.00	0.17	0.000017	0.10
G112	G113	L	156.270300	1.00	-0.17	156.270283	0.10
G113	G112	L	0.000000	1.00	0.24	0.000024	0.07
G113	G114	L	161.484420	1.00	-0.24	161.484396	0.07
G114	G113	L	0.000000	1.00	0.31	0.000031	0.06
G114	G115	L	164.410770	1.00	-0.31	164.410739	0.06
G115	G114	L	0.000000	1.00	0.34	0.000034	0.08
G115	G116	L	204.424100	1.00	-0.34	204.424066	0.08
G116	G115	L	0.000000	1.00	0.50	0.000050	0.18
G116	G117	L	274.103330	1.00	-0.50	274.103280	0.18
G117	G116	L	0.000000	1.00	0.60	0.000060	0.13
G117	B113	L	163.533350	1.00	-0.60	163.533290	0.13

方向最小多余观测分量：0.06 (G114---> G113)
方向最大多余观测分量：0.25 (B113---> G117)
方向平均多余观测分量：0.13
方向多余观测数总和： 2.26

距离平差结果							
FROM	TO	TYPE	VALUE (m)	M (cm)	V (cm)	RESULT (m)	Ri
B001	A001	S	504.93000	0.304	-0.300	504.92700	1.00
B001	G111	S	125.64500	0.212	-0.032	125.64468	0.11
B113	G117	S	420.33900	0.214	0.025	420.33925	0.06
B113	B114	S	126.96700	0.300	-1.036	126.95664	1.00
G111	G112	S	145.90450	0.212	-0.008	145.90442	0.12

续表

FROM	TO	TYPE	VALUE (m)	M (cm)	V (cm)	RESULT (m)	Ri
G112	G113	S	188.78800	0.213	-0.024	188.78776	0.12
G113	G114	S	242.29200	0.213	-0.034	242.29166	0.10
G114	G115	S	159.82950	0.212	-0.040	159.82910	0.08
G115	G116	S	498.67150	0.215	-0.030	498.67120	0.12
G116	G117	S	317.41450	0.213	0.033	317.41483	0.04

边长最小多余观测分量：0.04 (G116---> G117)
边长最大多余观测分量：1.00 (B001---> A001)
边长平均多余观测分量：0.27
边长多余观测数总和： 2.74

平差坐标及其精度

Name	X (m)	Y (m)	MX (cm)	MY (cm)	MP (cm)	E (cm)	F (cm)	T (dms)
A001	2810504.9270	50000.0000						
B001	2810000.0000	49999.9950						
B113	2810532.1750	48537.4360						
B114	2810505.9050	48413.2270						
G111	2809972.1101	49877.4848	0.149	0.351	0.381	0.359	0.129	77.0450
G112	2810033.5961	49745.1686	0.292	0.456	0.541	0.456	0.292	90.1721
G113	2810038.1247	49556.4352	0.410	0.525	0.666	0.531	0.401	76.2403
G114	2809968.0408	49324.5010	0.519	0.547	0.755	0.585	0.477	52.3133
G115	2809883.0417	49189.1478	0.540	0.569	0.784	0.610	0.493	52.0658
G116	2809818.6700	48694.6488	0.504	0.574	0.763	0.581	0.494	108.1139
G117	2810135.5770	48676.7025	0.369	0.367	0.520	0.373	0.362	138.3825

Mx 均值： 0.40 My 均值： 0.48 Mp 均值： 0.63

最弱点及其精度

Name	X(m)	Y(m)	MX(cm)	MY(cm)	MP(cm)	E(cm)	F(cm)	T(dms)
G115	2809883.0417	49189.1478	0.540	0.569	0.784	0.610	0.493	52.0658

续表

网点间边长、方位角及其相对精度									
FROM	TO	A（dms）	MA（sec）	S（m）	MS（cm）	S/MS	E（cm）	F（cm）	T（dms）
B001	G111	257.102991	2.11	125.6447	0.36	35000	0.36	0.13	77.0450
B113	G117	160.390409	1.79	420.3392	0.37	113000	0.37	0.36	138.3825
G111	B001	77.102991	2.11	125.6447	0.36	35000	0.36	0.13	77.0450
G111	G112	294.552570	2.42	145.9044	0.36	41000	0.36	0.17	111.2050
G112	G111	114.552570	2.42	145.9044	0.36	41000	0.36	0.17	111.2050
G112	G113	271.222836	2.30	188.7878	0.36	53000	0.36	0.21	88.0339
G113	G112	91.222836	2.30	188.7878	0.36	53000	0.36	0.21	88.0339
G113	G114	253.111208	2.06	242.2917	0.36	67000	0.36	0.24	74.0709
G114	G113	73.111208	2.06	242.2917	0.36	67000	0.36	0.24	74.0709
G114	G115	237.521916	2.01	159.8291	0.36	44000	0.37	0.15	61.4337
G115	G114	57.521916	2.01	159.8291	0.36	44000	0.37	0.15	61.4337
G115	G116	262.345948	1.89	498.6712	0.36	138000	0.46	0.36	162.5021
G116	G115	82.345948	1.89	498.6712	0.36	138000	0.46	0.36	162.5021
G116	G117	356.453178	2.08	317.4148	0.37	85000	0.38	0.31	153.5315
G117	G116	176.453178	2.08	317.4148	0.37	85000	0.38	0.31	153.5315
G117	B113	340.390409	1.79	420.3392	0.37	113000	0.37	0.36	138.3825

最弱边及其精度									
FROM	TO	A（dms）	MA（sec）	S（m）	MS（cm）	S/MS	E（cm）	F（cm）	T（dms）
B001	G111	257.102991	2.11	125.64468	0.359	35000	0.359	0.129	77.0450

单位权中误差和改正数带权平方和

先验单位权中误差：1.00

后验单位权中误差：1.79

多余观测值总数：5

平均多余观测值数：0.179

PVV1 = 16.006　PVV2 = 16.006

导线1控制网总体信息

已知点数：4	未知点数：7
方向角数：0	固定边数：0
方向观测值数：18	边长观测值数：10
方向观测先验精度：1.00	边长观测先验精度（A，B）：3.00，1.00

3. 变形监测自由网

变形监测网图如图 3-11 所示。

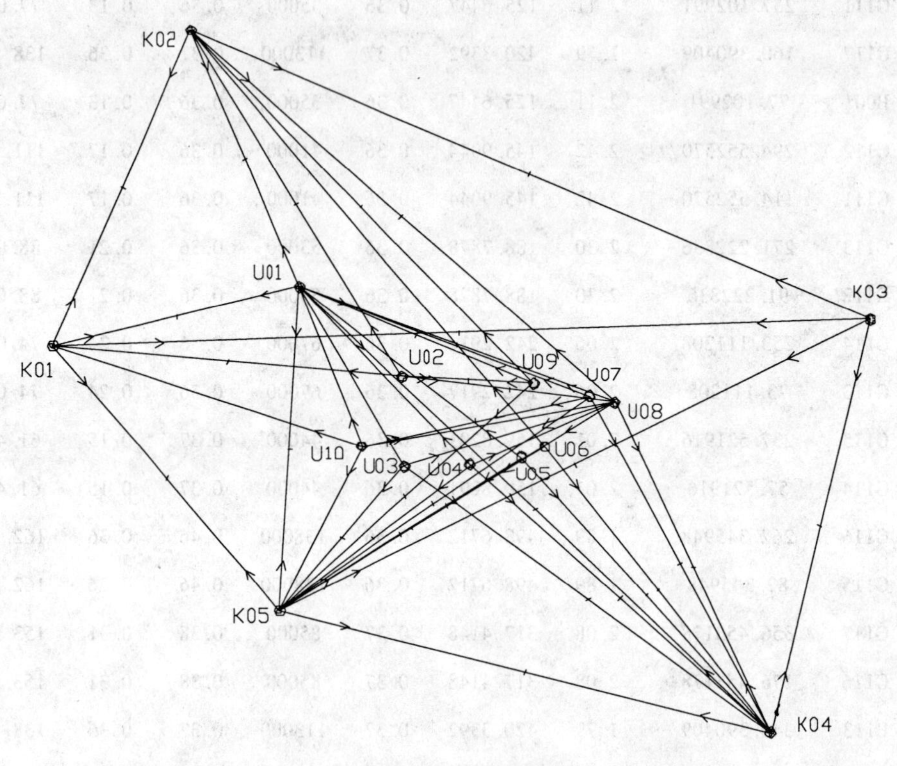

图 3-11 变形监测网图

(1) 输入数据文件（文件中边长为负的值是一个标识符，不是实际观测值）

0.5，1，1

K01

K02，L，0.0000

U01，L，52.385465

U01，S，514.210

K03，L，63.390642

K03，S，1646.69924

U02，S，711.68744

K05，L，113.353323

K04

K05，L，0.0000

K05，S，1014.76654

U03，S，896.23818

U01，L，28. 583889
U01，S，1280. 43708
U04，S，795. 17929
U05，S，730. 40486
U06，S，715. 06722
U07，S，746. 39936
U08，L，50. 304155
U08，S，710. 98229
K03，L，90. 320090
K03，S，824. 54711

U01
K02，L，0. 0000
U08，L，133. 343970
U08，S，671. 83729
U09，S，505. 38889
K04，L，156. 260632
K05，L，207. 490158
K01，L，281. 164924

U02
U08，L，0. 0000
U08，S，428. 57732
K01，L，177. 593316
K01，S，-999
K02，L，230. 315098
K02，S，-999
U09，L，356. 051952
U09，S，262. 22335

K05
U01，L，0. 0000
U01，S，629. 21338
U03，S，377. 53163
U09，S，674. 84050
U04，S，476. 28887
U07，S，748. 67820
U05，S，569. 70077
U08，L，55. 213247
U08，S，785. 89591

U06，S，620.63094
K03，L，60.452680
K03，S，1313.47315
K04，L，99.382606
K01，L，314.242639
K01，S，690.03269

K02
U01，L，0.0000
U01，S，544.66962
K01，L，48.375564
K01，S，671.94061
K03，L，316.204556
K03，S，1476.80186
U08，L，334.131981
U08，S，1119.16316
U09，S，972.87922
U02，S，796.71567

U10
K01，L，0.0000
U01，L，50.371320
U07，L，150.343282
U07，S，466.24383
U08，L，153.100638
K05，L，280.155384

K03
K04，L，0.0000
K05，L，50.350019
K01，L，74.173310
K02，L，98.211662

U08
K05，L，0.0000
U01，L，50.240618
K02，L，71.024650
K04，L，274.473471

U07

K05，L，0.0000
U10，L，21.403423
U01，L，53.470366
K04，L，274.303438

U06
K05，L，0.0000
K02，L，79.170213
K04，L，261.215680

U05
K05，L，0.0000
K05，S，-999
U01，L，68.013976
K04，L，258.053396
K04，S，-999

U04
U01，L，0.0000
U08，L，112.100687
K04，L，175.205617
K04，S，-999
K05，L，278.215331
K05，S，-999

U03
K05，L，0.0000
K05，S，-999
U01，L，106.255571
U08，L，211.260309
K04，L，262.521474
K04，S，-999

U09
U01，L，0.0000
U01，S，-999
K02，L，22.593035
K02，S，-999

K05，L，297. 294384

K05，S，-999

U02，L，341. 125614

U02，S，-999

（2）近似坐标（文件中的标识，1 代表拟稳点，0 代表变形点）

K01	5000. 000	20000. 000	1
K02	5610. 645	20280. 380	1
K03	5048. 444	21645. 986	1
K04	4248. 470	21446. 210	1
K05	4485. 156	20459. 436	1
U01	5112. 952	20501. 651	0
U02	4939. 108	20709. 078	0
U03	4764. 478	20713. 423	0
U04	4767. 018	20843. 369	0
U05	4780. 992	20946. 303	0
U06	4801. 760	20993. 238	0
U07	4900. 266	21082. 495	0
U08	4887. 492	21134. 528	0
U09	4925. 358	20970. 934	0
U10	4803. 351	20626. 435	0

（3）平差结果（表 3-11）

表 3-11 平差结果

方向平差结果						
FROM	TO	TYPE	VALUE (dms)	M (sec)	V (sec)	RESULT (dms)
K01	K02	L	0. 000000	0. 50	-0. 04	0. 004004
K01	U01	L	52. 385465	0. 50	0. 18	52. 385483
K01	K03	L	63. 390642	0. 50	-0. 60	63. 390582
K01	K05	L	113. 353323	0. 50	0. 46	113. 353369
K02	U01	L	0. 000000	0. 50	0. 29	0. 000029
K02	K01	L	48. 375564	0. 50	-0. 15	48. 375549
K02	K03	L	316. 204556	0. 50	-0. 20	316. 204536
K02	U08	L	334. 131981	0. 50	0. 06	334. 131987
K03	K04	L	0. 000000	0. 50	-0. 38	0. 004038
K03	K05	L	50. 350019	0. 50	0. 09	50. 350028
K03	K01	L	74. 173310	0. 50	-0. 10	74. 173300

续表

FROM	TO	TYPE	VALUE (dms)	M (sec)	V (sec)	RESULT (dms)
K03	K02	L	98.211662	0.50	0.40	98.211702
K04	K05	L	0.000000	0.50	0.38	0.000038
K04	U01	L	28.583889	0.50	0.29	28.583918
K04	U08	L	50.304155	0.50	−0.26	50.304129
K04	K03	L	90.320090	0.50	−0.41	90.320049
K05	U01	L	0.000000	0.50	−0.10	0.004010
K05	U08	L	55.213247	0.50	−0.39	55.213208
K05	K03	L	60.452680	0.50	−0.16	60.452664
K05	K04	L	99.382606	0.50	−0.19	99.382587
K05	K01	L	314.242639	0.50	0.85	314.242724
U01	K02	L	0.000000	0.50	−0.21	0.004021
U01	U08	L	133.343970	0.50	−0.08	133.343962
U01	K04	L	156.260632	0.50	−0.16	156.260616
U01	K05	L	207.490158	0.50	−0.19	207.490139
U01	K01	L	281.164924	0.50	0.63	281.164987
U02	U08	L	0.000000	0.50	−0.25	0.004025
U02	K01	L	177.593316	0.50	0.02	177.593318
U02	K02	L	230.315098	0.50	0.49	230.315147
U02	U09	L	356.051952	0.50	−0.26	356.051926
U03	K05	L	0.000000	0.50	−0.13	0.004013
U03	U01	L	106.255571	0.50	−0.30	106.255541
U03	U08	L	211.260309	0.50	0.13	211.260322
U03	K04	L	262.521474	0.50	0.30	262.521504
U04	U01	L	0.000000	0.50	−0.22	0.004022
U04	U08	L	112.100687	0.50	0.34	112.100721
U04	K04	L	175.205617	0.50	−0.06	175.205611
U04	K05	L	278.215331	0.50	−0.06	278.215325
U05	K05	L	0.000000	0.50	−0.58	0.004058
U05	U01	L	68.013976	0.50	0.24	68.014000
U05	K04	L	258.053396	0.50	0.34	258.053430
U06	K05	L	0.000000	0.50	0.21	0.000021
U06	K02	L	79.170213	0.50	−0.17	79.170196

续表

FROM	TO	TYPE	VALUE (dms)	M (sec)	V (sec)	RESULT (dms)
U06	K04	L	261. 215680	0. 50	-0. 04	261. 215676
U07	K05	L	0. 000000	0. 50	0. 05	0. 000005
U07	U10	L	21. 403423	0. 50	-0. 07	21. 403416
U07	U01	L	53. 470366	0. 50	-0. 18	53. 470348
U07	K04	L	274. 303438	0. 50	0. 20	274. 303458
U08	K05	L	0. 000000	0. 50	0. 21	0. 000021
U08	U01	L	50. 240618	0. 50	0. 08	50. 240626
U08	K02	L	71. 024650	0. 50	-0. 49	71. 024601
U08	K04	L	274. 473471	0. 50	0. 20	274. 473491
U09	U01	L	0. 000000	0. 50	-0. 12	0. 004012
U09	K02	L	22. 593035	0. 50	-0. 35	22. 593000
U09	K05	L	297. 294384	0. 50	0. 10	297. 294394
U09	U02	L	341. 125614	0. 50	0. 37	341. 125651
U10	K01	L	0. 000000	0. 50	0. 23	0. 000023
U10	U01	L	50. 371320	0. 50	-0. 12	50. 371308
U10	U07	L	150. 343282	0. 50	-0. 07	150. 343275
U10	U08	L	153. 100638	0. 50	0. 12	153. 100650
U10	K05	L	280. 155384	0. 50	-0. 17	280. 155367

距离平差结果

FROM	TO	TYPE	VALUE (m)	M (cm)	V (cm)	RESULT (m)
K01	U01	S	514. 21000	0. 112	0. 318	514. 21318
K01	K03	S	1646. 69924	0. 193	0. 169	1646. 70093
K01	U02	S	711. 68744	0. 123	-0. 218	711. 68526
K02	U01	S	544. 66962	0. 114	-0. 098	544. 66864
K02	K01	S	671. 94061	0. 120	0. 121	671. 94182
K02	K03	S	1476. 80186	0. 178	0. 208	1476. 80394
K02	U08	S	1119. 16316	0. 150	0. 058	1119. 16374
K02	U09	S	972. 87922	0. 140	0. 008	972. 87930
K02	U02	S	796. 71567	0. 128	-0. 094	796. 71473
K04	K05	S	1014. 76654	0. 142	0. 195	1014. 76849
K04	U03	S	896. 23818	0. 134	-0. 064	896. 23754

续表

FROM	TO	TYPE	VALUE (m)	M (cm)	V (cm)	RESULT (m)
K04	U01	S	1280.43708	0.162	0.103	1280.43811
K04	U04	S	795.17929	0.128	-0.168	795.17761
K04	U05	S	730.40486	0.124	-0.123	730.40363
K04	U06	S	715.06722	0.123	0.040	715.06762
K04	U07	S	746.39936	0.125	-0.056	746.39880
K04	U08	S	710.98229	0.123	0.060	710.98289
K04	K03	S	824.54711	0.130	-0.029	824.54682
K05	U01	S	629.21338	0.118	0.034	629.21372
K05	U03	S	377.53163	0.107	-0.118	377.53045
K05	U09	S	674.84050	0.121	0.045	674.84095
K05	U04	S	476.28887	0.111	-0.093	476.28794
K05	U07	S	748.67820	0.125	-0.053	748.67767
K05	U05	S	569.70077	0.115	-0.028	569.70049
K05	U08	S	785.89591	0.127	0.059	785.89650
K05	U06	S	620.63094	0.118	-0.006	620.63088
K05	K03	S	1313.47315	0.165	-0.052	1313.47263
K05	K01	S	690.03269	0.121	-0.141	690.03128
U01	U08	S	671.83729	0.120	0.051	671.83780
U01	U09	S	505.38889	0.112	0.056	505.38945
U02	U08	S	428.57732	0.109	-0.143	428.57589
U02	U09	S	262.22335	0.103	-0.109	262.22226
U10	U07	S	466.24383	0.110	-0.019	466.24364

平差坐标及其精度

Name	X(m)	Y(m)	MX(cm)	MY(cm)	MP(cm)	E(cm)	F(cm)	T(dms)
K01	4999.9987	19999.9992	0.044	0.053	0.069	0.053	0.043	105.1900
K02	5610.6474	20280.3810	0.050	0.054	0.074	0.057	0.047	121.5821
K03	5048.4469	21645.9873	0.061	0.071	0.094	0.071	0.061	96.1227
K04	4248.4673	21446.2121	0.054	0.047	0.072	0.054	0.047	1.2640
K05	4485.1548	20459.4324	0.046	0.042	0.062	0.046	0.042	20.1822
U01	5112.9503	20501.6536	0.051	0.052	0.073	0.054	0.050	127.5928
U02	4939.0995	20709.0741	0.070	0.072	0.101	0.074	0.069	59.3030

续表

Name	X(m)	Y(m)	MX(cm)	MY(cm)	MP(cm)	E(cm)	F(cm)	T(dms)
U03	4764.4723	20713.4225	0.075	0.074	0.105	0.076	0.073	34.1455
U04	4767.0110	20843.3690	0.072	0.081	0.108	0.082	0.071	72.2506
U05	4780.9882	20946.3012	0.100	0.097	0.140	0.110	0.086	139.2002
U06	4801.7597	20993.2339	0.106	0.101	0.146	0.110	0.096	144.4558
U07	4900.2525	21082.4991	0.091	0.092	0.129	0.101	0.080	132.5601
U08	4887.4914	21134.5314	0.067	0.064	0.093	0.069	0.062	33.3450
U09	4925.3531	20970.9358	0.090	0.073	0.116	0.090	0.072	10.3713
U10	4803.3461	20626.4374	0.076	0.070	0.103	0.076	0.070	11.1105

Mx 均值： 0.07　　My 均值： 0.07　　Mp 均值： 0.10

最弱点及其精度

Name	X (m)	Y (m)	MX (cm)	MY (cm)	MP (cm)	E (cm)	F (cm)	T (dms)
U06	4801.7597	20993.2339	0.106	0.101	0.146	0.110	0.096	144.4558

网点间边长、方位角及其相对精度

FROM	TO	A (dms)	MA (sec)	S (m)	MS (cm)	S/MS	E (cm)	F (cm)	T (dms)
K01	K02	24.394468	0.12	671.9418	0.05	1471000	0.08	0.08	49.2908
K01	U01	77.183954	0.20	514.2132	0.10	523000	0.07	0.06	142.2730
K01	K03	88.185053	0.07	1646.7009	0.03	5512000	0.10	0.08	97.4856
K01	U02	94.543178	0.14	711.6853	0.05	1524000	0.08	0.08	20.0900
K01	K05	138.151841	0.11	690.0313	0.08	914000	0.08	0.07	141.2315
K02	U01	156.014947	0.30	544.6686	0.00	13030000	0.07	0.07	35.3950
K02	K01	204.394468	0.12	671.9418	0.05	1471000	0.08	0.08	49.2908
K02	K03	112.223455	0.04	1476.8039	0.01	9910000	0.11	0.08	109.5305
K02	U08	130.150905	0.14	1119.1637	0.03	3429000	0.09	0.08	44.4504
K02	U09	134.465135	0.06	972.8793	0.04	2471000	0.10	0.08	32.2321
K02	U02	147.265006	0.15	796.7147	0.05	1553000	0.09	0.07	57.0128
K03	K04	194.011715	0.20	824.5468	0.01	6785000	0.11	0.09	16.0511
K03	K05	244.361781	0.07	1313.4726	0.08	1580000	0.09	0.09	77.0901
K03	K01	268.185053	0.07	1646.7009	0.03	5512000	0.10	0.08	97.4856
K03	K02	292.223455	0.04	1476.8039	0.01	9910000	0.11	0.08	109.5305
K04	K05	283.291704	0.02	1014.7685	0.10	987000	0.07	0.06	31.4445

续表

FROM	TO	A (dms)	MA (sec)	S (m)	MS (cm)	S/MS	E (cm)	F (cm)	T (dms)
K04	U03	305. 090676	0. 15	896. 2375	0. 07	1196000	0. 09	0. 08	45. 2648
K04	U01	312. 275584	0. 05	1280. 4381	0. 13	980000	0. 07	0. 07	40. 2460
K04	U04	310. 420330	0. 22	795. 1776	0. 07	1064000	0. 09	0. 07	60. 4917
K04	U05	316. 483284	0. 16	730. 4036	0. 05	1329000	0. 10	0. 09	129. 1332
K04	U06	320. 413463	0. 21	715. 0676	0. 05	1342000	0. 10	0. 10	117. 1860
K04	U07	330. 501448	0. 24	746. 3988	0. 03	2605000	0. 10	0. 09	108. 1027
K04	U08	333. 595795	0. 26	710. 9829	0. 04	1700000	0. 08	0. 07	66. 0203
K04	K03	14. 011715	0. 20	824. 5468	0. 01	6785000	0. 11	0. 09	16. 0511
K05	U01	3. 505107	0. 33	629. 2137	0. 05	1284000	0. 07	0. 05	129. 5522
K05	U03	42. 165159	0. 16	377. 5305	0. 06	622000	0. 07	0. 07	53. 4148
K05	U09	49. 170529	0. 47	674. 8409	0. 14	478000	0. 09	0. 08	167. 4759
K05	U04	53. 430045	0. 15	476. 2879	0. 02	1985000	0. 08	0. 07	83. 2015
K05	U07	56. 193994	0. 18	748. 6777	0. 02	4271000	0. 10	0. 08	140. 5542
K05	U05	58. 425797	0. 04	569. 7005	0. 03	1968000	0. 11	0. 08	142. 4308
K05	U08	59. 122325	0. 15	785. 8965	0. 02	3998000	0. 07	0. 07	123. 2040
K05	U06	59. 193808	0. 19	620. 6309	0. 03	1876000	0. 11	0. 09	147. 2051
K05	K03	64. 361781	0. 07	1313. 4726	0. 08	1580000	0. 09	0. 09	77. 0901
K05	K04	103. 291704	0. 02	1014. 7685	0. 10	987000	0. 07	0. 06	31. 4445
K05	K01	318. 151841	0. 11	690. 0313	0. 08	914000	0. 08	0. 07	141. 2315
U01	K02	336. 014947	0. 30	544. 6686	0. 00	13030000	0. 07	0. 07	35. 3950
U01	U08	109. 362930	0. 08	671. 8378	0. 09	786000	0. 07	0. 07	34. 2609
U01	U09	111. 472123	0. 15	505. 3894	0. 06	783000	0. 09	0. 07	14. 2347
U01	K04	132. 275584	0. 05	1280. 4381	0. 13	980000	0. 07	0. 07	40. 2460
U01	K05	183. 505107	0. 33	629. 2137	0. 05	1284000	0. 07	0. 05	129. 5522
U01	K01	257. 183954	0. 20	514. 2132	0. 10	523000	0. 07	0. 06	142. 2730
U02	U08	96. 545835	0. 18	428. 5759	0. 08	537000	0. 08	0. 08	77. 1424
U02	K01	274. 543178	0. 14	711. 6853	0. 05	1524000	0. 08	0. 08	20. 0900
U02	K02	327. 265006	0. 15	796. 7147	0. 05	1553000	0. 09	0. 07	57. 0128
U02	U09	93. 001786	0. 36	262. 2223	0. 04	735000	0. 08	0. 06	93. 3206
U03	K05	222. 165159	0. 16	377. 5305	0. 06	622000	0. 07	0. 07	53. 4148
U03	U01	328. 424712	0. 32	407. 7782	0. 03	1194000	0. 08	0. 07	143. 2401
U03	U08	73. 425494	0. 16	438. 7099	0. 07	661000	0. 09	0. 08	71. 2655

续表

FROM	TO	A (dms)	MA (sec)	S (m)	MS (cm)	S/MS	E (cm)	F (cm)	T (dms)
U03	K04	125. 090676	0. 15	896. 2375	0. 07	1196000	0. 09	0. 08	45. 2648
U04	U01	315. 210697	0. 32	486. 2545	0. 07	738000	0. 09	0. 08	100. 1350
U04	U08	67. 311440	0. 21	315. 1048	0. 04	746000	0. 10	0. 06	70. 2339
U04	K04	130. 420330	0. 22	795. 1776	0. 07	1064000	0. 09	0. 07	60. 4917
U04	K05	233. 430045	0. 15	476. 2879	0. 02	1985000	0. 08	0. 07	83. 2015
U05	K05	238. 425797	0. 04	569. 7005	0. 03	1968000	0. 11	0. 08	142. 4308
U05	U01	306. 443854	0. 20	554. 8967	0. 06	917000	0. 12	0. 09	139. 0521
U05	K04	136. 483284	0. 16	730. 4036	0. 05	1329000	0. 10	0. 09	129. 1332
U06	K05	239. 193808	0. 19	620. 6309	0. 03	1876000	0. 11	0. 09	147. 2051
U06	K02	318. 363983	0. 15	1078. 1738	0. 04	2447000	0. 13	0. 11	142. 4912
U06	K04	140. 413463	0. 21	715. 0676	0. 05	1342000	0. 10	0. 10	117. 1859
U07	K05	236. 193994	0. 18	748. 6777	0. 02	4271000	0. 10	0. 08	140. 5542
U07	U10	258. 001406	0. 14	466. 2436	0. 08	605000	0. 09	0. 08	117. 3250
U07	U01	290. 064337	0. 13	618. 5644	0. 07	902000	0. 11	0. 08	137. 3813
U07	K04	150. 501448	0. 24	746. 3988	0. 03	2605000	0. 10	0. 09	108. 1027
U08	K05	239. 122325	0. 15	785. 8965	0. 02	3998000	0. 07	0. 07	123. 2040
U08	U01	289. 362930	0. 08	671. 8378	0. 09	786000	0. 07	0. 07	34. 2609
U08	K02	310. 150905	0. 14	1119. 1637	0. 03	3429000	0. 09	0. 08	44. 4504
U08	K04	153. 595795	0. 26	710. 9829	0. 04	1700000	0. 08	0. 07	66. 0203
U09	U01	291. 472123	0. 15	505. 3894	0. 06	783000	0. 09	0. 07	14. 2347
U09	K02	314. 465135	0. 06	972. 8793	0. 04	2471000	0. 10	0. 08	32. 2321
U09	K05	229. 170529	0. 47	674. 8409	0. 14	478000	0. 09	0. 08	167. 4759
U09	U02	273. 001786	0. 36	262. 2223	0. 04	735000	0. 08	0. 06	93. 3206
U10	K01	287. 254154	0. 14	656. 5798	0. 08	849000	0. 09	0. 08	141. 0607
U10	U01	338. 025439	0. 59	333. 8050	0. 02	1703000	0. 09	0. 07	157. 2359
U10	U07	78. 001406	0. 14	466. 2436	0. 08	605000	0. 09	0. 08	117. 3250
U10	U08	80. 354781	0. 11	515. 0145	0. 06	806000	0. 09	0. 08	68. 2732
U10	K05	207. 413498	0. 37	359. 3555	0. 04	875000	0. 08	0. 07	12. 5656

最弱边及其精度

FROM	TO	A (dms)	MA (sec)	S (m)	MS (cm)	S/MS	E (cm)	F (cm)	T (dms)
K05	U09	49. 170529	0. 47	674. 84095	0. 141	478000	0. 094	0. 077	167. 4759

续表

单位权中误差和改正数带权平方和
先验单位权中误差：0. 50 后验单位权中误差：0. 49 多余观测值总数：52 平均多余观测值数：0. 55 PVV1 = 12. 34　PVV2 = 12. 34

变形监测网（自由网）控制网总体信息			
已知点数：	0	未知点数：	15
方向角数：	0	固定边数：	0
方向观测值数：	61	边长观测值数：	33

4. 高铁 CPIII 网

高铁 CPIII 网图如图 3-12 所示。

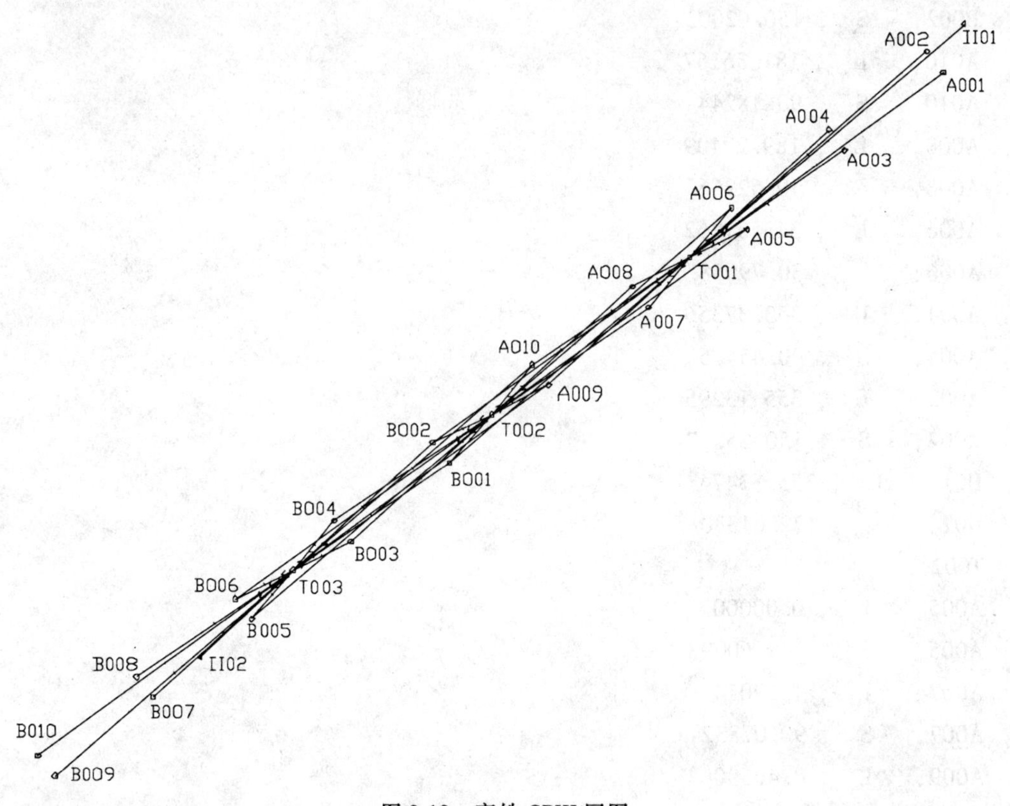

图 3-12　高铁 CPIII 网图

（1）输入数据文件

利用原始外业观测值由 CosaCPIII 观测数据后处理模块自动生成。

```
0.5, 1, 1
II01, 80580.195, 19949.601
II02, 80276.760, 19586.622
T001
A001,    L   , 0.00000
A001,    S   , 150.20743
A003,    L   , 1.33220
A003,    S   , 90.27816
A005,    L   , 9.31179
A005,    S   , 30.26037
A007,    L   , 165.52168
A007,    S   , 30.62935
A009,    L   , 173.38577
A009,    S   , 90.04239
B001,    L   , 175.13563
B001,    S   , 149.90528
B002,    L   , 180.01064
B002,    S   , 150.02002
A010,    L   , 181.36167
A010,    S   , 90.18244
A008,    L   , 189.29409
A008,    S   , 30.52266
A006,    L   , 345.51262
A006,    S   , 30.79058
A004,    L   , 353.37356
A004,    S   , 90.45466
A002,    L   , 355.13295
A002,    S   , 150.25817
II01,    L   , 355.53474
II01,    S   , 172.61330
T002
A005,    L   , 0.00000
A005,    S   , 149.60098
A007,    L   , 1.29014
A007,    S   , 90.07832
A009,    L   , 8.46590
A009,    S   , 30.61505
B001,    L   , 166.39114
B001,    S   , 30.46919
B003,    L   , 174.01451
```

B003, S , 90. 20427
B005, L , 175. 30465
B005, S , 150. 17909
B006, L , 180. 17374
B006, S , 150. 25658
B004, L , 181. 59332
B004, S , 90. 18641
B002, L , 190. 15345
B002, S , 30. 74189
A010, L , 345. 13417
A010, S , 30. 64058
A008, L , 353. 31231
A008, S , 90. 25226
A006, L , 355. 12515
A006, S , 150. 16770
T003
A009, L , 0. 00000
A009, S , 150. 22241
B001, L , 1. 36506
B001, S , 90. 36391
B003, L , 9. 31590
B003, S , 30. 69026
B005, L , 165. 35462
B005, S , 30. 69406
II02, L , 172. 41469
II02, S , 60. 75593
B007, L , 173. 31377
B007, S , 90. 16963
B009, L , 175. 08388
B009, S , 150. 03762
B010, L , 179. 55327
B010, S , 150. 13920
B008, L , 181. 27228
B008, S , 90. 19097
B006, L , 189. 09058
B006, S , 30. 69474
B004, L , 345. 59529
B004, S , 30. 72270
B002, L , 353. 39443
B002, S , 90. 23596

A010, L , 355. 13392

A010, S , 150. 07577

(2) 平差结果（表3-12）

表 3-12 **平差结果**

方向平差结果							
FROM	TO	TYPE	VALUE (dms)	M (sec)	V (sec)	RESULT (dms)	Ri
T001	A001	L	0. 000000	0. 50	0. 00	0. 000000	0. 00
T001	A003	L	1. 332200	0. 50	0. 00	1. 332200	0. 00
T001	A005	L	9. 311790	0. 50	-0. 11	9. 311779	0. 02
T001	A007	L	165. 521680	0. 50	-0. 22	165. 521658	0. 05
T001	A009	L	173. 385770	0. 50	-0. 17	173. 385753	0. 49
T001	B001	L	175. 135630	0. 50	0. 26	175. 135656	0. 65
T001	B002	L	180. 010640	0. 50	-0. 38	180. 010602	0. 64
T001	A010	L	181. 361670	0. 50	0. 63	181. 361733	0. 47
T001	A008	L	189. 294090	0. 50	-0. 03	189. 294087	0. 05
T001	A006	L	345. 512620	0. 50	-0. 00	345. 512620	0. 02
T001	A004	L	353. 373560	0. 50	0. 00	353. 373560	0. 00
T001	A002	L	355. 132950	0. 50	0. 00	355. 132950	0. 00
T001	II01	L	355. 534740	0. 50	0. 01	355. 534741	0. 00
T002	A005	L	0. 000000	0. 50	0. 53	0. 000053	0. 59
T002	A007	L	1. 290140	0. 50	-0. 66	1. 290074	0. 42
T002	A009	L	8. 465900	0. 50	0. 01	8. 465901	0. 07
T002	B001	L	166. 391140	0. 50	0. 15	166. 391155	0. 07
T002	B003	L	174. 014510	0. 50	-0. 03	174. 014507	0. 42
T002	B005	L	175. 304650	0. 50	1. 04	175. 304754	0. 59
T002	B006	L	180. 173740	0. 50	0. 42	180. 173782	0. 60
T002	B004	L	181. 593320	0. 50	-1. 34	181. 593186	0. 42
T002	B002	L	190. 153450	0. 50	-0. 09	190. 153441	0. 07
T002	A010	L	345. 134170	0. 50	0. 01	345. 134171	0. 07
T002	A008	L	353. 312310	0. 50	-0. 07	353. 312303	0. 41
T002	A006	L	355. 125150	0. 50	0. 01	355. 125151	0. 59
T003	A009	L	0. 000000	0. 50	-0. 36	0. 004036	0. 65

续表

FROM	TO	TYPE	VALUE (dms)	M (sec)	V (sec)	RESULT (dms)	Ri
T003	B001	L	1. 365060	0. 50	0. 61	1. 365121	0. 49
T003	B003	L	9. 315900	0. 50	-0. 01	9. 315899	0. 05
T003	B005	L	165. 354620	0. 50	-0. 21	165. 354599	0. 02
T003	II02	L	172. 414690	0. 50	0. 01	172. 414691	0. 00
T003	B007	L	173. 313770	0. 50	-0. 00	173. 313770	0. 00
T003	B009	L	175. 083880	0. 50	-0. 00	175. 083880	0. 00
T003	B010	L	179. 553270	0. 50	-0. 00	179. 553270	0. 00
T003	B008	L	181. 272280	0. 50	-0. 00	181. 272280	0. 00
T003	B006	L	189. 090580	0. 50	-0. 09	189. 090571	0. 02
T003	B004	L	345. 595290	0. 50	-0. 45	345. 595245	0. 05
T003	B002	L	353. 394430	0. 50	-0. 50	353. 394380	0. 48
T003	A010	L	355. 133920	0. 50	1. 00	355. 134020	0. 64

方向最小多余观测分量：-0. 00 (　　T001--->　　A003)
方向最大多余观测分量：0. 65 (　　T003--->　　A009)
方向平均多余观测分量：0. 24
方向多余观测数总和：　9. 12

距离平差结果

FROM	TO	TYPE	VALUE (m)	M (cm)	V (cm)	RESULT (m)	Ri
T001	A001	S	150. 20743	0. 101	0. 000	150. 20743	0. 00
T001	A003	S	90. 27816	0. 100	0. 000	90. 27816	0. 00
T001	A005	S	30. 26037	0. 100	-0. 051	30. 25986	0. 49
T001	A007	S	30. 62935	0. 100	0. 156	30. 63091	0. 63
T001	A009	S	90. 04239	0. 100	0. 074	90. 04313	0. 67
T001	B001	S	149. 90528	0. 101	0. 008	149. 90536	0. 65
T001	B002	S	150. 02002	0. 101	0. 036	150. 02038	0. 66
T001	A010	S	90. 18244	0. 100	0. 101	90. 18345	0. 68
T001	A008	S	30. 52266	0. 100	0. 041	30. 52307	0. 63
T001	A006	S	30. 79058	0. 100	-0. 028	30. 79030	0. 49
T001	A004	S	90. 45466	0. 100	0. 000	90. 45466	0. 00
T001	A002	S	150. 25817	0. 101	0. 000	150. 25817	0. 00
T001	II01	S	172. 61330	0. 101	0. 296	172. 61626	0. 44
T002	A005	S	149. 60098	0. 101	0. 001	149. 60099	0. 48

续表

FROM	TO	TYPE	VALUE (m)	M (cm)	V (cm)	RESULT (m)	Ri
T002	A007	S	90. 07832	0. 100	-0. 006	90. 07826	0. 61
T002	A009	S	30. 61505	0. 100	0. 009	30. 61514	0. 71
T002	B001	S	30. 46919	0. 100	-0. 058	30. 46861	0. 71
T002	B003	S	90. 20427	0. 100	0. 042	90. 20469	0. 61
T002	B005	S	150. 17909	0. 101	0. 057	150. 17966	0. 48
T002	B006	S	150. 25658	0. 101	-0. 013	150. 25645	0. 48
T002	B004	S	90. 18641	0. 100	-0. 102	90. 18539	0. 61
T002	B002	S	30. 74189	0. 100	-0. 037	30. 74152	0. 72
T002	A010	S	30. 64058	0. 100	0. 006	30. 64064	0. 73
T002	A008	S	90. 25226	0. 100	0. 060	90. 25286	0. 62
T002	A006	S	150. 16770	0. 101	0. 030	150. 16800	0. 48
T003	A009	S	150. 22241	0. 101	0. 053	150. 22294	0. 65
T003	B001	S	90. 36391	0. 100	0. 074	90. 36465	0. 67
T003	B003	S	30. 69026	0. 100	0. 034	30. 69060	0. 63
T003	B005	S	30. 69406	0. 100	0. 042	30. 69448	0. 49
T003	II02	S	60. 75593	0. 100	0. 288	60. 75881	0. 43
T003	B007	S	90. 16963	0. 100	0. 000	90. 16963	0. 00
T003	B009	S	150. 03762	0. 101	-0. 000	150. 03762	0. 00
T003	B010	S	150. 13920	0. 101	-0. 000	150. 13920	0. 00
T003	B008	S	90. 19097	0. 100	-0. 000	90. 19097	0. 00
T003	B006	S	30. 69474	0. 100	-0. 024	30. 69450	0. 48
T003	B004	S	30. 72270	0. 100	0. 236	30. 72506	0. 63
T003	B002	S	90. 23596	0. 100	0. 095	90. 23691	0. 68
T003	A010	S	150. 07577	0. 101	0. 024	150. 07601	0. 66

边长最小多余观测分量：-0. 00 (T003---> B009)
边长最大多余观测分量：0. 73 (T002---> A010)
边长平均多余观测分量：0. 47
边长多余观测数总和： 17. 88

平差坐标及其精度

Name	X (m)	Y (m)	MX (cm)	MY (cm)	MP (cm)	E (cm)	F (cm)	T (dms)
II01	80580. 1950	19949. 6010						
II02	80276. 7600	19586. 6220						

续表

Name	X (m)	Y (m)	MX (cm)	MY (cm)	MP (cm)	E (cm)	F (cm)	T (dms)
T001	80468. 3707	19818. 1031	0. 056	0. 061	0. 083	0. 076	0. 034	48. 4209
T002	80393. 1983	19724. 7238	0. 058	0. 062	0. 085	0. 079	0. 031	48. 1122
T003	80318. 6091	19630. 6707	0. 053	0. 057	0. 078	0. 076	0. 018	46. 5314
A001	80557. 2404	19939. 1999	0. 089	0. 105	0. 138	0. 126	0. 054	52. 1201
A003	80519. 7873	19892. 3087	0. 083	0. 104	0. 133	0. 126	0. 043	53. 1547
A005	80481. 9917	19845. 1239	0. 063	0. 087	0. 108	0. 101	0. 037	56. 5724
A007	80444. 7683	19798. 5793	0. 072	0. 071	0. 101	0. 095	0. 036	44. 0901
A009	80407. 3942	19751. 8488	0. 061	0. 074	0. 096	0. 089	0. 036	53. 0646
B001	80369. 9419	19705. 0394	0. 067	0. 067	0. 094	0. 089	0. 031	44. 5906
B002	80379. 6504	19697. 1286	0. 059	0. 073	0. 094	0. 088	0. 033	52. 4841
A010	80417. 0711	19743. 9316	0. 068	0. 067	0. 095	0. 089	0. 035	44. 3504
A008	80454. 6184	19790. 8536	0. 062	0. 080	0. 101	0. 094	0. 037	55. 0601
A006	80492. 1008	19837. 7227	0. 078	0. 074	0. 108	0. 102	0. 036	43. 1730
A004	80529. 6524	19884. 6358	0. 090	0. 098	0. 133	0. 126	0. 042	47. 5637
A002	80567. 0461	19931. 4199	0. 092	0. 102	0. 138	0. 126	0. 054	49. 0723
B003	80332. 3972	19658. 0896	0. 060	0. 077	0. 098	0. 094	0. 027	53. 3541
B005	80294. 8791	19611. 2018	0. 075	0. 070	0. 103	0. 101	0. 018	43. 0115
B006	80304. 6369	19603. 3407	0. 061	0. 083	0. 103	0. 101	0. 023	54. 3539
B004	80342. 2255	19650. 3251	0. 070	0. 068	0. 097	0. 094	0. 024	44. 0420
B007	80257. 4569	19564. 4062	0. 088	0. 094	0. 129	0. 126	0. 028	46. 5252
B009	80220. 0069	19517. 5827	0. 091	0. 098	0. 134	0. 126	0. 044	47. 3642
B010	80229. 7168	19509. 6751	0. 088	0. 101	0. 134	0. 126	0. 045	50. 2549
B008	80267. 1706	19556. 5863	0. 081	0. 100	0. 129	0. 126	0. 029	51. 5119

Mx 均值： 0. 07　　My 均值： 0. 08　　Mp 均值： 0. 11

最弱点及其精度

Name	X(m)	Y(m)	MX(cm)	MY(cm)	MP(cm)	E(cm)	F(cm)	T(dms)
A002	80567. 0461	19931. 4199	0. 092	0. 102	0. 138	0. 126	0. 054	49. 0723

网点间边长、方位角及其相对精度

FROM	TO	A(dms)	MA(sec)	S(m)	MS(cm)	S/MS	E(cm)	F(cm)	T(dms)
T001	A001	53. 433379	0. 59	150. 2074	0. 10	149000	0. 10	0. 04	53. 4334
T001	A003	55. 165579	0. 59	90. 2782	0. 10	90000	0. 10	0. 03	55. 1656

续表

FROM	TO	A(dms)	MA(sec)	S(m)	MS(cm)	S/MS	E(cm)	F(cm)	T(dms)
T001	A005	63.145158	0.57	30.2599	0.07	42000	0.07	0.01	62.4508
T001	A007	219.355037	0.58	30.6309	0.06	50000	0.06	0.01	40.1950
T001	A009	227.223132	0.42	90.0431	0.06	156000	0.06	0.02	56.1557
T001	B001	228.573035	0.28	149.9054	0.06	250000	0.06	0.02	44.4518
T001	B002	233.443981	0.29	150.0204	0.06	253000	0.06	0.02	57.3630
T001	A010	235.195112	0.43	90.1835	0.06	160000	0.06	0.02	45.1626
T001	A008	243.131466	0.58	30.5231	0.06	50000	0.06	0.01	62.2433
T001	A006	39.345999	0.57	30.7903	0.07	43000	0.07	0.01	40.0648
T001	A004	47.210939	0.59	90.4547	0.10	90000	0.10	0.03	47.2109
T001	A002	48.570329	0.59	150.2582	0.10	149000	0.10	0.04	48.5703
T001	II01	49.372120	0.41	172.6163	0.08	227000	0.08	0.03	48.4209
T002	A005	53.353025	0.31	149.6010	0.07	206000	0.07	0.02	60.0622
T002	A007	55.043046	0.44	90.0783	0.06	143000	0.06	0.02	45.0649
T002	A009	62.222873	0.57	30.6151	0.05	57000	0.05	0.01	61.2036
T002	B001	220.144127	0.56	30.4686	0.05	57000	0.05	0.01	41.3612
T002	B003	227.371479	0.46	90.2047	0.06	144000	0.06	0.02	57.0252
T002	B005	229.061726	0.37	150.1797	0.07	207000	0.07	0.03	42.4626
T002	B006	233.530754	0.37	150.2565	0.07	206000	0.07	0.03	59.2410
T002	B004	235.350158	0.45	90.1854	0.06	144000	0.06	0.02	45.4413
T002	B002	243.510412	0.56	30.7415	0.05	59000	0.05	0.01	62.1711
T002	A010	38.491143	0.57	30.6406	0.05	58000	0.05	0.01	39.5833
T002	A008	47.065275	0.44	90.2529	0.06	145000	0.06	0.02	57.1625
T002	A006	48.482123	0.30	150.1680	0.07	206000	0.07	0.02	42.2004
T003	A009	53.461346	0.34	150.2229	0.06	250000	0.06	0.02	58.4920
T003	B001	55.230503	0.50	90.3647	0.06	157000	0.06	0.02	44.4225
T003	B003	63.181281	0.65	30.6906	0.06	50000	0.06	0.01	62.4135
T003	B005	219.215981	0.63	30.6945	0.07	43000	0.07	0.01	40.0512
T003	II02	226.280074	0.60	60.7588	0.08	80000	0.08	0.02	46.5314
T003	B007	227.175152	0.66	90.1696	0.10	90000	0.10	0.03	47.1751

续表

FROM	TO	A(dms)	MA(sec)	S(m)	MS(cm)	S/MS	E(cm)	F(cm)	T(dms)
T003	B009	228.545262	0.66	150.0376	0.10	148000	0.10	0.05	48.5453
T003	B010	233.414652	0.66	150.1392	0.10	148000	0.10	0.05	53.4146
T003	B008	235.133662	0.66	90.1910	0.10	90000	0.10	0.03	55.1337
T003	B006	242.551954	0.63	30.6945	0.07	43000	0.07	0.01	62.1758
T003	B004	39.460627	0.65	30.7251	0.06	50000	0.06	0.01	40.1858
T003	B002	47.255762	0.51	90.2369	0.06	160000	0.06	0.02	58.1553
T003	A010	48.595402	0.35	150.0760	0.06	253000	0.06	0.02	42.0430

最弱边及其精度

FROM	TO	A(dms)	MA(sec)	S(m)	MS(cm)	S/MS	E(cm)	F(cm)	T(dms)
T001	A005	63.145158	0.57	30.25986	0.072	42000	0.072	0.008	62.4508

CPIII网相邻点间方位角、边长平差值及精度指标

FROM	TO	A(dms)	MA(sec)	S(m)	MS(cm)	S/MS	E(cm)	F(cm)	T(dms)
A003	A005	231.181744	1.02	60.4559	0.12	49000	0.12	0.03	58.0944
A003	A006	243.061963	1.37	61.2061	0.12	51000	0.12	0.03	49.4060
A005	A007	231.205782	0.78	59.5986	0.09	65000	0.09	0.02	53.1115
A005	A008	243.140291	0.46	60.7829	0.09	69000	0.09	0.01	62.2018
A005	A006	323.472546	16.04	12.5288	0.02	54000	0.10	0.02	51.2217
A007	A005	51.205782	0.78	59.5986	0.09	65000	0.09	0.02	53.1115
A007	A009	231.205244	0.61	59.8378	0.08	79000	0.08	0.02	50.0013
A007	A010	243.072146	1.03	61.2658	0.08	81000	0.08	0.02	43.3250
A007	A008	321.533174	14.14	12.5184	0.02	69000	0.09	0.02	51.1536
A007	A006	39.352511	0.46	61.4212	0.09	69000	0.09	0.01	40.2800
A009	A007	51.205244	0.61	59.8378	0.08	79000	0.08	0.02	50.0013
A009	B001	231.201176	0.63	59.9482	0.07	82000	0.07	0.02	51.4126
A009	B002	243.065190	0.45	61.3516	0.07	89000	0.07	0.01	61.1703
A009	A010	320.424185	12.07	12.5029	0.02	76000	0.07	0.02	51.0011
A009	A008	39.331800	1.01	61.2495	0.08	81000	0.08	0.02	58.3659
B001	A009	51.201176	0.63	59.9482	0.07	82000	0.07	0.02	51.4126

续表

FROM	TO	A(dms)	MA(sec)	S(m)	MS(cm)	S/MS	E(cm)	F(cm)	T(dms)
B001	B003	231.210536	0.64	60.1156	0.08	80000	0.08	0.02	52.0323
B001	B004	243.080523	1.03	61.3340	0.08	81000	0.08	0.02	43.5444
B001	B002	320.493233	12.08	12.5234	0.02	76000	0.07	0.02	51.4118
B001	A010	39.314913	0.45	61.1045	0.07	89000	0.07	0.01	41.1734
B002	A009	63.065190	0.45	61.3516	0.07	89000	0.07	0.01	61.1703
B002	B001	140.493233	12.08	12.5234	0.02	76000	0.07	0.02	51.4118
B002	B003	219.334462	1.06	61.2936	0.08	81000	0.08	0.02	59.2130
B002	B004	231.211290	0.65	59.9266	0.07	81000	0.07	0.02	51.0234
B002	A010	51.212304	0.66	59.9235	0.07	84000	0.07	0.02	50.5512
A010	A007	63.072146	1.03	61.2658	0.08	81000	0.08	0.02	43.3250
A010	A009	140.424185	12.07	12.5029	0.02	76000	0.07	0.02	51.0011
A010	B001	219.314913	0.45	61.1045	0.07	89000	0.07	0.01	41.1734
A010	B002	231.212304	0.66	59.9235	0.07	84000	0.07	0.02	50.5512
A010	A008	51.195859	0.62	60.0956	0.07	81000	0.07	0.02	52.1434
A008	A005	63.140291	0.46	60.7829	0.09	69000	0.09	0.01	62.2018
A008	A007	141.533174	14.14	12.5184	0.02	69000	0.09	0.02	51.1536
A008	A009	219.331800	1.01	61.2495	0.08	81000	0.08	0.02	58.3659
A008	A010	231.195859	0.62	60.0956	0.07	81000	0.07	0.02	52.1434
A008	A006	51.205921	0.77	60.0136	0.09	66000	0.09	0.02	49.2558
A006	A005	143.472546	16.04	12.5288	0.02	54000	0.10	0.02	51.2217
A006	A007	219.352511	0.46	61.4212	0.09	69000	0.09	0.01	40.2800
A006	A008	231.205921	0.77	60.0136	0.09	66000	0.09	0.02	49.2558
A004	A005	219.393459	1.35	61.9090	0.12	52000	0.12	0.03	52.5817
A004	A006	231.192825	1.03	60.0913	0.12	49000	0.12	0.03	44.3016
A007	A009	231.205244	0.61	59.8378	0.08	79000	0.08	0.02	50.0013
A007	A010	243.072146	1.03	61.2658	0.08	81000	0.08	0.02	43.3250
A009	B001	231.201176	0.63	59.9482	0.07	82000	0.07	0.02	51.4126

续表

FROM	TO	A(dms)	MA(sec)	S(m)	MS(cm)	S/MS	E(cm)	F(cm)	T(dms)
A009	B002	243.065190	0.45	61.3516	0.07	89000	0.07	0.01	61.1703
A009	A010	320.424185	12.07	12.5029	0.02	76000	0.07	0.02	51.0011
B001	A009	51.201176	0.63	59.9482	0.07	82000	0.07	0.02	51.4126
B001	B003	231.210536	0.64	60.1156	0.08	80000	0.08	0.02	52.0323
B001	B004	243.080523	1.03	61.3340	0.08	81000	0.08	0.02	43.5444
B001	B002	320.493233	12.08	12.5234	0.02	76000	0.07	0.02	51.4118
B001	A010	39.314913	0.45	61.1045	0.07	89000	0.07	0.01	41.1734
B003	B001	51.210536	0.64	60.1156	0.08	80000	0.08	0.02	52.0323
B003	B005	231.200354	0.82	60.0507	0.09	66000	0.09	0.02	49.5225
B003	B006	243.064613	0.54	61.3848	0.09	69000	0.09	0.02	62.1134
B003	B004	321.412522	14.13	12.5253	0.02	69000	0.09	0.02	51.3354
B003	B002	39.334462	1.06	61.2936	0.08	81000	0.08	0.02	59.2130
B005	B003	51.200354	0.82	60.0507	0.09	66000	0.09	0.02	49.5225
B005	B007	231.210320	1.08	59.9186	0.12	49000	0.12	0.03	44.1521
B005	B008	243.055848	1.41	61.2422	0.12	51000	0.12	0.03	49.2428
B005	B006	321.083937	16.08	12.5305	0.02	55000	0.10	0.02	51.1253
B005	B004	39.340340	0.54	61.4192	0.09	70000	0.09	0.02	40.2835
B006	B003	63.064613	0.54	61.3848	0.09	69000	0.09	0.02	62.1134
B006	B005	141.083937	16.08	12.5305	0.02	55000	0.10	0.02	51.1253
B006	B007	219.315004	1.40	61.1706	0.12	51000	0.12	0.03	53.0106
B006	B008	231.173568	1.07	59.9140	0.12	49000	0.12	0.03	58.0913
B006	B004	51.202188	0.82	60.1701	0.09	66000	0.09	0.02	52.5258
B004	B001	63.080523	1.03	61.3340	0.08	81000	0.08	0.02	43.5444
B004	B003	141.412522	14.13	12.5253	0.02	69000	0.09	0.02	51.3354
B004	B005	219.340340	0.54	61.4192	0.09	70000	0.09	0.02	40.2835
B004	B006	231.202188	0.82	60.1701	0.09	66000	0.09	0.02	52.5258
B004	B002	51.211290	0.65	59.9266	0.07	81000	0.07	0.02	51.0234

续表

FROM	TO	A(dms)	MA(sec)	S(m)	MS(cm)	S/MS	E(cm)	F(cm)	T(dms)
B002	A009	63.065190	0.45	61.3516	0.07	89000	0.07	0.01	61.1703
B002	B001	140.493233	12.08	12.5234	0.02	76000	0.07	0.02	51.4118
B002	B003	219.334462	1.06	61.2936	0.08	81000	0.08	0.02	59.2130
B002	B004	231.211290	0.65	59.9266	0.07	81000	0.07	0.02	51.0234
B002	A010	51.212304	0.66	59.9235	0.07	84000	0.07	0.02	50.5512
A010	A009	140.424185	12.07	12.5029	0.02	76000	0.07	0.02	51.0011
A010	B001	219.314913	0.45	61.1045	0.07	89000	0.07	0.01	41.1734
A010	B002	231.212304	0.66	59.9235	0.07	84000	0.07	0.02	50.5512
A008	A009	219.331800	1.01	61.2495	0.08	81000	0.08	0.02	58.3659
A008	A010	231.195859	0.62	60.0956	0.07	81000	0.07	0.02	52.1434

单位权中误差和改正数带权平方和

先验单位权中误差:0.50
后验单位权中误差:0.73
多余观测值总数:27
平均多余观测值数:0.355
PVV1 = 14.405　PVV2 = 14.405

CPIII_2 控制网总体信息

已知点数: 2　　未知点数: 23
方向角数: 0　　固定边数: 0
方向观测值数: 38　　边长观测值数: 38
方向观测先验精度:0.50　　边长观测先验精度(A,B):1.00,1.00

第4章　水准网平差软件设计

4.1　概述

水准网的观测量是高差观测值，待求参数是各点的高程。由各段水准观测值形成的闭合图形，称为闭合环，环闭合差、测段往返测高差之差是水准网中的重要的质量指标，平差的目的是为了确定网中未知点的最或然高程，并进行精度评定。

水准网中的高差观测值是待求参数的线性函数，因此平差过程不需要迭代。

水准观测高差的精度与观测等级和高差的路线长度有关。假设网中有 r 个观测等级，$K_1, K_2, \cdots, K_r$ 分别为各等级的每千米观测高差的中误差，则观测值 h_k 的中误差为

$$m_{h_k} = K_j \cdot \sqrt{s_k} \tag{4-1}$$

式中，K_j 为 h_k 所属等级的每千米观测高差的中误差。根据权的定义，设 u 为单位权中误差，观测值的权为

$$p_k = \frac{u^2}{K_j^2 s_k} \quad (k = 0,\ 1,\ 2,\ \cdots,\ n-1) \tag{4-2}$$

式（4-2）为水准网平差定权的一般公式。在通常进行的水准网平差中，大多仅有一种等级的观测值，即 $K_1 = K_2 = \cdots = K_r = K$，取 $s_0 = \frac{u^2}{K^2}$，则

$$p_k = \frac{s_0}{s_k} \quad (k = 0,\ 1,\ 2,\ \cdots,\ n-1)$$

式中，s_k 是观测值 h_k 的路线长度，以千米为单位；s_0 是选定的某一正数。

4.2　按间接平差法进行水准网平差的步骤

假设水准网中某水准点 A 的高程 H_A 是已知的，有 m 个待求水准点。为求得其余水准点的高程，进行了水准测量，测的高差 $\underset{n\times1}{L}$ 和水准路线的长度 $\underset{n\times1}{S}$，其中，n 为水准路线的总条数。

①根据平差问题的性质，选择 t 个必要观测数（独立量）作为参数；

②将每一个观测量的平差值分别表达成所选参数的函数，列出误差方程为

$$\underset{n\times1}{V} = \underset{n\times m}{B}\,\underset{m\times1}{X} - \underset{n\times1}{L} \tag{4-3}$$

为了便于计算，应选取参数的近似值，例如，取

$$X_i^0 = H_A + L_i \tag{4-4}$$

这样，误差方程可变为

$$\underset{n\times1}{v} = \underset{n\times m}{B}\ \underset{m\times1}{x} - \underset{n\times1}{l} \tag{4-5}$$

③由误差方程系数 B 和常数项 l 组成法方程

$$B^{\mathrm{T}}PB\hat{x} - B^{\mathrm{T}}Pl = 0 \tag{4-6}$$

④解法方程，求出参数

$$\begin{aligned} \hat{x} &= (B^{\mathrm{T}}PB)^{-1}B^{\mathrm{T}}Pl \\ \hat{X} &= X^{0} + \hat{x} \end{aligned} \tag{4-7}$$

⑤由误差方程计算 V，求出观测量平差值。

4.3 水准网平差计算主程序实例

4.3.1 类设计

```
class CLevelAdjustment
{
public:
    CLevelAdjustment( );
    virtual ~ CLevelAdjustment( );

public:
    CReadH ReadIN1;

    int KHeightNum,PointNum;
    int HeightObsNum,ParaNum;
    int PostObsNum;
    double C0;//定权先验单位权中误差
    double Cgama0,CC0;//平差后单位权中误差
    double PVV;
    int LRedNum;
public:
    Matrix Bxsmatrix,WeightP,Lcsmatrix;
    Matrix conNbb,Vcorrection;

    CArray<double,double>AdjustedValue;
    double * HeightMSE;
    double * DhQQ;

public:
    BOOL GetDataInformation( void);
    BOOL OutResultOfAdjustment( void);
```

```
    BOOL ConstructErrorEquation( void) ;
    BOOL GetApproximateHeight( void) ;
    BOOL LevelAdjust( void) ;

};
```

4.3.2 类成员函数的实现

```
CLevelAdjustment::CLevelAdjustment()  //构造函数
{
    KHeightNum=0;
    HeightObsNum=0;
    PointNum=0;
    ParaNum=0;
    PostObsNum=0;
    LRedNum=0;
    CC0=0.0;
}
CLevelAdjustment::~CLevelAdjustment()
{
}

BOOL CLevelAdjustment::GetDataInformation(void)
{
    if(! ReadIN1.ReadData())
    {
        return FALSE;
    }
    if(! GetApproximateHeight())
    {
        return FALSE;
    }

    KHeightNum=ReadIN1.KnownHeightNumber;
    HeightObsNum=ReadIN1.HeightObserveNumber;
    PointNum=ReadIN1.PointNumber;
    ParaNum=ReadIN1.PointNumber-ReadIN1.KnownHeightNumber;

    return TRUE;
}
```

```
BOOL CLevelAdjustment::ConstructErrorEquation(void)
{
    int i;
    int k0,k1;
    double Ll;

    Bxsmatrix.SetSize(HeightObsNum,ParaNum);
    WeightP.SetSize(HeightObsNum,HeightObsNum);
    Lcsmatrix.SetSize(HeightObsNum,1);

    Bxsmatrix.Null();
    WeightP.Null();
    Lcsmatrix.Null();

    C0=Glb_Config.CurrentVerticalNetwork.Cigma0;//单位权中误差
    PostObsNum=0;

    for(i=0;i<HeightObsNum;i++)
    {
        k0=ReadIN1.FromOrder[i];
        k1=ReadIN1.ToOrder[i];

        if(ReadIN1.Weight[i]<0)
        {
            continue;
        }
        else
        {
            Ll=(ReadIN1.HeightDifference[i]+ReadIN1.Height[k0]-ReadIN1.Height
[k1])*1000;

            if(k0>=KHeightNum && k1>=KHeightNum)//起点、末点都是未知点
            {
                Bxsmatrix(i,k0-KHeightNum)=-1;
                Bxsmatrix(i,k1-KHeightNum)=1;
            }
            if(k0<KHeightNum && k1>=KHeightNum)//起点为已知点,末点为未
知点
            {
                Bxsmatrix(i,k1-KHeightNum)=1;
```

```
            }
            if(k0>=KHeightNum && k1<KHeightNum)//起点为未知点,末点为已知
点
            {
                Bxsmatrix(i,k0-KHeightNum)= -1;
            }
            if(k0<KHeightNum && k1<KHeightNum)
            {
                WeightP(i,i)= C0/ReadIN1.Weight[i];
                Lcsmatrix(i,0)= Ll;
            }
            WeightP(i,i)= C0/ReadIN1.Weight[i];
            Lcsmatrix(i,0)= Ll;

            PostObsNum++;
        }
    }

    return TRUE;
}
BOOL CLevelAdjustment::LevelAdjust(void)
{
    Matrix BTP,BTPL;
    Matrix Nbb,ParaX;
    Matrix VTPV,HeidiffQQ;
    double tem;
    int i;

    CC0=0.0;

    HeightMSE=new double[PointNum];
    //-----------法方程组建和求解--------------
    BTP=( ~Bxsmatrix) * WeightP;
    Nbb=BTP * Bxsmatrix;
    BTPL=BTP * Lcsmatrix;
    conNbb=! Nbb;
    ParaX=conNbb * BTPL;
    //-----------计算平差后高程-------------
    for(i=0;i<PointNum;i++)
    {
        if(i>=KHeightNum)
```

```
        {
            tem=ReadIN1.Height[i]+ParaX(i-KHeightNum,0)/1000;
                AdjustedValue.SetAtGrow(i,tem);
        }
        else AdjustedValue.SetAtGrow(i,ReadIN1.Height[i]);
    }
    //---------------精度评定---------------
    Vcorrection=Bxsmatrix * ParaX-Lcsmatrix;
    VTPV=(~Vcorrection) * WeightP * Vcorrection;
    PVV=VTPV(0,0);
    if((PostObsNum-ParaNum)>0.5)
    {
        CC0=sqrt(PVV/(PostObsNum-ParaNum));
        LRedNum=PostObsNum-ParaNum;
    }
    else if((PostObsNum-ParaNum)==0)
    {
        Cgama0=Glb_Config.CurrentVerticalNetwork.Cigma0;
        LRedNum=0;
    }
    else AfxMessageBox("观测值不足!");

    if(PVV<0.0001)
    {
        Cgama0=Glb_Config.CurrentVerticalNetwork.Cigma0;
    }
    //单位权的选择
    if(Glb_Config.CurrentVerticalNetwork.nWeightType    ==0)
    {
        Cgama0=Glb_Config.CurrentVerticalNetwork.Cigma0;
    }
    else
    {
        Cgama0=CC0;
    }

    //-------- -----计算高程和高差中误差-------------
    for(i=0;i<PointNum;i++)
    {
        if(i<KHeightNum)
        {
```

```
            HeightMSE[i]=0;
        }
        else
            HeightMSE[i]=Cgama0 * sqrt(conNbb(i-KHeightNum,i-KHeightNum));
    }

    DhQQ=new double[HeightObsNum];

    HeidiffQQ=Bxsmatrix * conNbb * ( ~Bxsmatrix);
    for(i=0;i<HeightObsNum;i++)
    {
        DhQQ[i]=Cgama0 * sqrt(HeidiffQQ(i,i));
    }

    return TRUE;
}

BOOL CLevelAdjustment::OutResultOfAdjustment(void)
{
    int type=Glb_Config. Glb_Type&2;
    if(type! =2)
    {
        AfxMessageBox("该类型工程无法进行水准平差!",MB_ICONERROR);
        return FALSE;
    }
    if(! GetDataInformation())
    {
        return FALSE;
    }
    if(! ConstructErrorEquation())
    {
        return FALSE;
    }
    if(! LevelAdjust())
    {
        return FALSE;
    }

    CString LevelName;
    LevelName+=Glb_Config. Glb_Path;
    LevelName+="\\";
```

```
LevelName+ = Glb_Config. Glb_ProjectName+". ou1" ;

int i,j;
double DistanceSum = 0;//观测路线总长度
double MinDis, MaxDis, AverageDis, MaxDhMSE;
MinDis = 10. 0;
MaxDis = 0. 0;
AverageDis = 0. 0;
MaxDhMSE = 0. 0;
//------------
for(i = 0;i<HeightObsNum;i++)
{
    if(ReadIN1. Weight[i]>0)
    {
        DistanceSum = DistanceSum+ReadIN1. Distance[i];
        if(MinDis>ReadIN1. Distance[i])
        {
            MinDis = ReadIN1. Distance[i];
        }
        if(MaxDis<ReadIN1. Distance[i])
        {
            MaxDis = ReadIN1. Distance[i];
        }
    }
    if(DhQQ[i]>MaxDhMSE)
    {
        MaxDhMSE = DhQQ[i];
    }
}
AverageDis = DistanceSum/PostObsNum;
double MaxHeightMSE, MinHeightMSE, AverageHeightMSE;
MaxHeightMSE = 0. 0;
MinHeightMSE = 10. 0;
AverageHeightMSE = 0. 0;
for(i = 0;i<PointNum;i++)
{
    if(i> = KHeightNum && MinHeightMSE>HeightMSE[i])
    {
        MinHeightMSE = HeightMSE[i];
    }
    if(i> = KHeightNum && MaxHeightMSE<HeightMSE[i])
```

```
		{
			MaxHeightMSE = HeightMSE[ i] ;
		}
		AverageHeightMSE+ = HeightMSE[ i] ;
	}
	AverageHeightMSE = AverageHeightMSE/( PointNum-KHeightNum) ;

	FILE * OutLevelResult;

	if( ( OutLevelResult = fopen( LevelName," w" ) )= = NULL)
	{
		return FALSE;
	}
	fprintf( OutLevelResult," * * * * * * * * * * * * * * * * * * * * * * * \n" );
	fprintf( OutLevelResult,"高程网平差结果\n" );
	fprintf( OutLevelResult," * * * * * * * * * * * * * * * * * * * * * * \n\n" );
	……省略了输出结果的程序代码
	fclose( OutLevelResult) ;

	delete HeightMSE;
	delete DhQQ;

	AfxMessageBox( "高程平差完毕!" );
	return TRUE;
}
BOOL CLevelAdjustment: : GetApproximateHeight( void)
//计算近似高程
// success return TRUE,failure return FALSE
{
	int i,j;
	j=1;
	for( i = ReadIN1. KnownHeightNumber; i<ReadIN1. PointNumber; i++)
		ReadIN1. Height. SetAtGrow( i,-100000. 0) ;
loop:
	for( i = 0; i<ReadIN1. HeightObserveNumber; i++)
	{
		if( ReadIN1. Weight[ i] <0) continue;

		if ( ReadIN1. Height [ ReadIN1. FromOrder [ i ] ] > - 10000  && ReadIN1. Height
[ ReadIN1. ToOrder[ i] ]>-10000) continue;
		if ( ReadIN1. Height [ ReadIN1. FromOrder [ i ] ] < - 10000  && ReadIN1. Height
```

```
[ReadIN1.ToOrder[i]]<-10000)continue;
            if(ReadIN1.Height[ReadIN1.FromOrder[i]]<-10000)
               ReadIN1.Height.SetAt(ReadIN1.FromOrder[i],(ReadIN1.Height[ReadIN1.ToOrder[i]]-ReadIN1.HeightDifference[i]));
            else
               ReadIN1.Height.SetAt(ReadIN1.ToOrder[i],(ReadIN1.Height[ReadIN1.FromOrder[i]]+ReadIN1.HeightDifference[i]));
        }

     for(i=ReadIN1.KnownHeightNumber;i<ReadIN1.PointNumber;i++)
     {
            if(j>2000)break;
            if(ReadIN1.Height[i]<-10000)
            {
                j++;
                goto loop;
            }
     }
     if(j>2000)return FALSE;

     return TRUE;
}
```

4.3.3 水准网观测数据准备

采用电子水准仪观测时，仪器内部安装了相应的观测和数据记录软件。例如，徕卡的数据格式为 GSI 格式，天宝的数据格式为 DAT 格式。为了进行后续的平差，需要把外业的原始记录格式的观测值转换为平差程序所需要的输入数据文件。另外，为了存档，一般还需要把外业观测值转换为符合规范要求的打印格式的文件（可采用 Excel 电子表格）。

4.4 水准网算例

本节以武汉大学 CosaLEVEL 软件为例，讲解程序使用方法和水准网算例。输入数据文件格式为：

Ⅰ{ 已知点点号，已知点高程值
……

Ⅱ{ 测段起点，终点，高差，距离，测段测站数
……

该文件的内容分为两部分，第一部分为高程控制网的已知数据，即已知高程点点号及其高程值（见文件的第Ⅰ部分）；第二部分为高程控制网的观测数据，包括测段的起点点号，终点点号，测段高差，测段距离、测段测站数（见文件的第Ⅱ部分）。

第一部分中每一个已知高程点占一行，已知高程以米为单位，其顺序可以任意排列。第二部分中每一个测段占一行，对于水准测量，两高程点间的水准线路为一测段，测段高差以米为单位，测段距离以公里为单位。如果平差时每一测段观测值按距离定权，则“测段测站数”这一项不要输入或输入一个负整数，如-1；若输了测站测段数，则平差时自动按测段测站数定权。该文件中测段的顺序可以任意排列。

4.4.1 程序使用说明

CosaLEVEL 能对水准网、三角高程网进行平差计算，自动读取数字水准仪的观测值文件（徕卡为 GSI 格式、天宝为 DAT 格式），转换为平差输入数据文件（IN1），具有观测数据概算、粗差探测、闭合差自动搜索等功能，并且能够进行沉降监测数据汇总、沉降曲线拟合与图形绘制。

1. 项目→新建项目

新建项目如图 4-1 所示，项目名称可设为“20091209”。

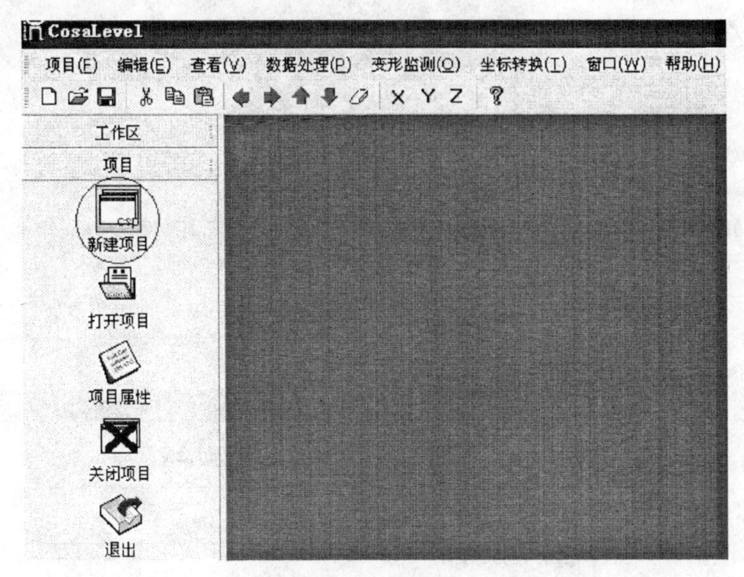

图 4-1　新建项目

2. 导入/导出→导入已知点数据

高程网已知点坐标文件扩展名为 KnownH，文件格式为：点名，高程。每个已知点占一行。选择了“导入/导出”→“导入已知点数据”后，系统弹出导入已知点数据面板，如图 4-2 所示。

如果直接导入数据文件（IN1 文件），文件中已包含已知点高程，则不用再次导入。对于直接从水准仪导入的数据，需要在导入原始数据之前导入已知点，系统在生成数据文件时，会自动加入已知点信息。若导入原始数据前没有导入已知点，则系统生成的数据文件中会提示，需要用户手工编辑，向数据文件中加入已知点信息。

3. 导出 Excel 手簿

电子水准仪的原始记录格式不适合检查和阅览，可将其转换为 Excel 电子表格。选择“导出 Excel 手簿”，弹出图 4-3 所示的窗口，实现记录格式与 Excel 电子表格的格式

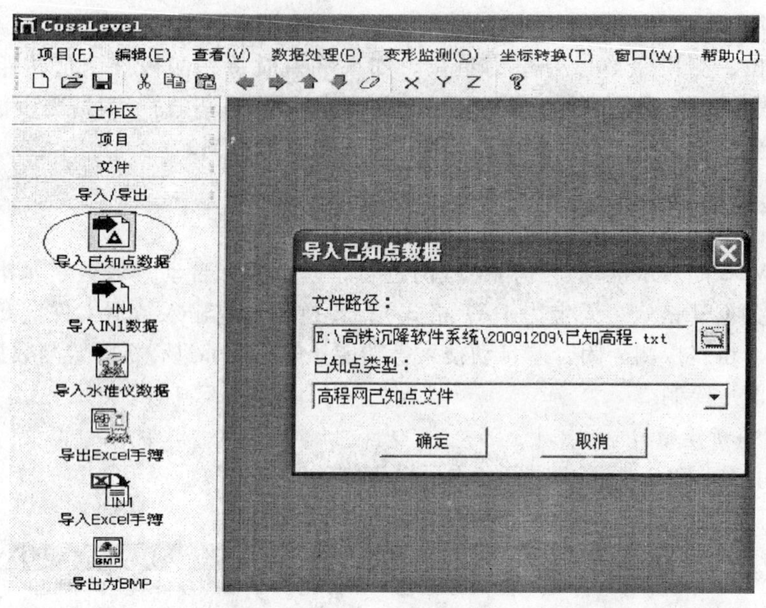

图 4-2　导入已知点数据

转换。

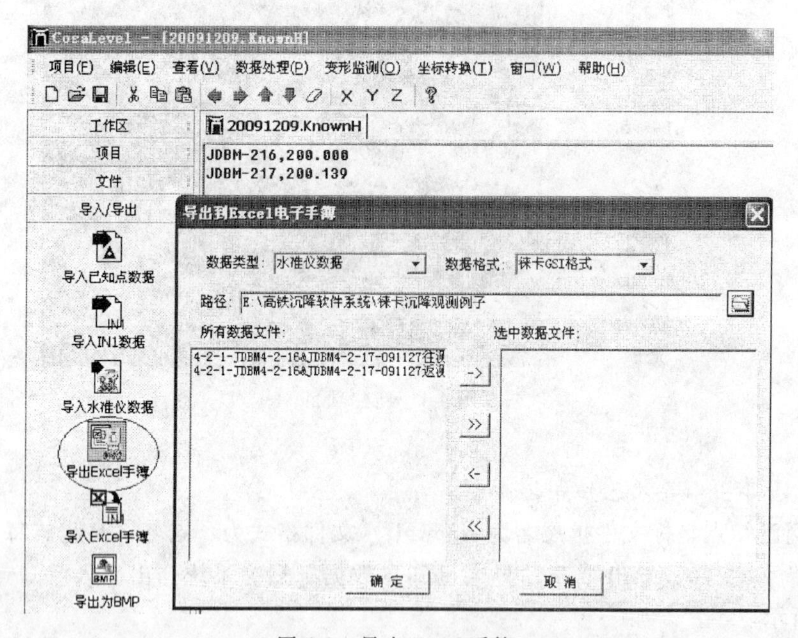

图 4-3　导出 Excel 手簿

4. 编辑导出的 Excel 手簿

外业观测时，较常见的错误是输错点名，有许多中间转点也带有点名，与埋设的水准点的名称没有区别标志，需要在内业进行检查和修改。可以在 Excel 电子表格格式的观测值文件中检查点名，修改错误名称，并去掉中间转点，例如，表 4-1 中含有中间转点点名，去掉后如表 4-2 所示。

表 4-1　　含有中间转点点名的观测数据

电子水准测量记录手簿

测自：　JDBM-217　　至：　JDBM-216　　日期：　　仪器：　　呈象：

天气：　　温度：　　云量：　　风向：　　土质：

测站	视准点	视距读数		标尺读数		读数差（mm）	高差（m）	高程（m）	备注
	后视	后距 1	后距 2	后尺读数 1	后尺读数 2				
	前视	前距 1	前距 2	前尺读数 1	前尺读数 2				
	中视	视距差（m）	累计差（m）	高差（m）	高差（m）				
1	JDBM-217	31.61	31.61	1.26388	1.26394			3.01710	
	1	32.55	32.56	1.0939	1.09372		0.17010	3.18720	
		-0.95	-0.95	0.16998	0.17022	-0.24			
2	1	4.12	4.12	1.19342	1.19341				
	93D2	3.97	3.97	0.64117	0.64117		0.55225	3.73944	
		0.15	-0.80	0.55225	0.55224	0.01			
3	93D2	3.97	3.97	0.64115	0.64116				
	2	4.12	4.12	1.19343	1.19343		-0.55228	3.18716	
		-0.15	-0.95	-0.55228	-0.55227	-0.01			
4	2	12.75	12.75	1.21469	1.21468				
	93D1	13.61	13.61	0.66008	0.66006		0.55462	3.74178	
		-0.86	-1.81	0.55461	0.55462	-0.01			
5	93D1	13.61	13.61	0.6601	0.66008				
	3	12.75	12.76	1.21469	1.21465		-0.55458	3.18720	
		0.85	-0.95	-0.55459	-0.55457	-0.02			
6	3	20.95	20.96	1.50419	1.50408				
	92D2	20.41	20.41	0.981	0.981		0.52314	3.71033	
		0.54	-0.41	0.52319	0.52308	0.11			

表 4-2 **去掉中间转点点名的观测数据**

电子水准测量记录手簿

测自：JDBM-217 至：JDBM-216 日期： 仪器： 呈象：

天气： 温度： 云量： 风向： 土质：

测站	视准点	视距读数		标尺读数		读数差（mm）	高差（m）	高程（m）	备注
	后视	后距 1	后距 2	后尺读数 1	后尺读数 2				
	前视	前距 1	前距 2	前尺读数 1	前尺读数 2				
	中视	视距差（m）	累计差（m）	高差（m）	高差（m）				
	JDBM-217	31. 61	31. 61	1. 26388	1. 26394			3. 01710	
1		32. 55	32. 56	1. 0939	1. 09372		0. 17010	3. 18720	
		−0. 95	−0. 95	0. 16998	0. 17022	−0. 24			
		4. 12	4. 12	1. 19342	1. 19341				
2	93D2	3. 97	3. 97	0. 64117	0. 64117		0. 55225	3. 73944	
		0. 15	−0. 80	0. 55225	0. 55224	0. 01			
	93D2	3. 97	3. 97	0. 64115	0. 64116				
3		4. 12	4. 12	1. 19343	1. 19343		−0. 55228	3. 18716	
		−0. 15	−0. 95	−0. 55228	−0. 55227	−0. 01			
		12. 75	12. 75	1. 21469	1. 21468				
4	93D1	13. 61	13. 61	0. 66008	0. 66006		0. 55462	3. 74178	
		−0. 86	−1. 81	0. 55461	0. 55462	−0. 01			
	93D1	13. 61	13. 61	0. 6601	0. 66008				
5		12. 75	12. 76	1. 21469	1. 21465		−0. 55458	3. 18720	
		0. 85	−0. 95	−0. 55459	−0. 55457	−0. 02			
		20. 95	20. 96	1. 50419	1. 50408				
6	92D2	20. 41	20. 41	0. 981	0. 981		0. 52314	3. 71033	
		0. 54	−0. 41	0. 52319	0. 52308	0. 11			

5. 导入 Excel 手簿

根据修改后的 Excel 格式的观测手簿转换成 IN1 格式的平差输入观测值文件，如图 4-4 所示。生成的 IN1 文件如图 4-5 所示。

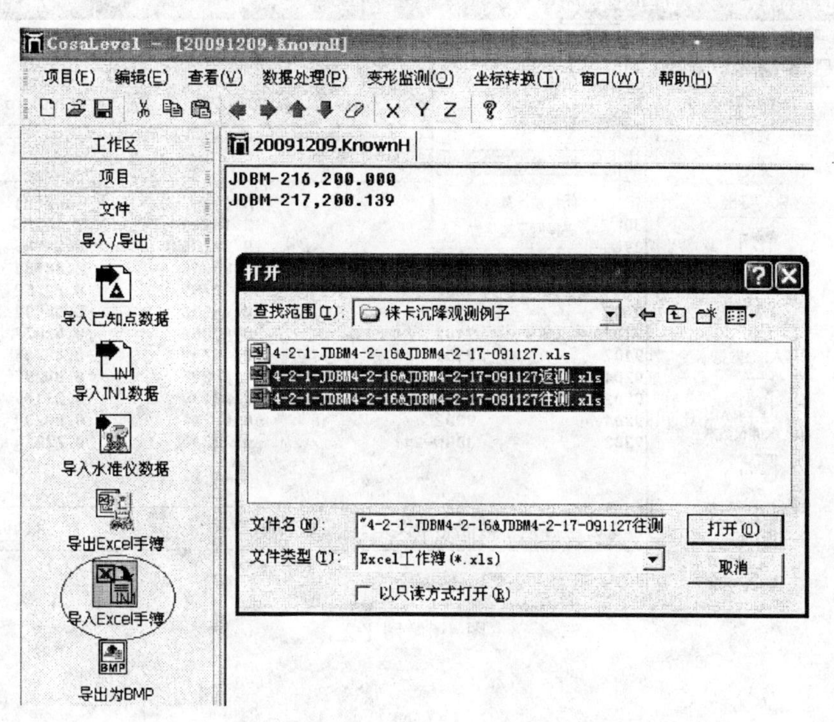

图 4-4　导入 Excel 手簿

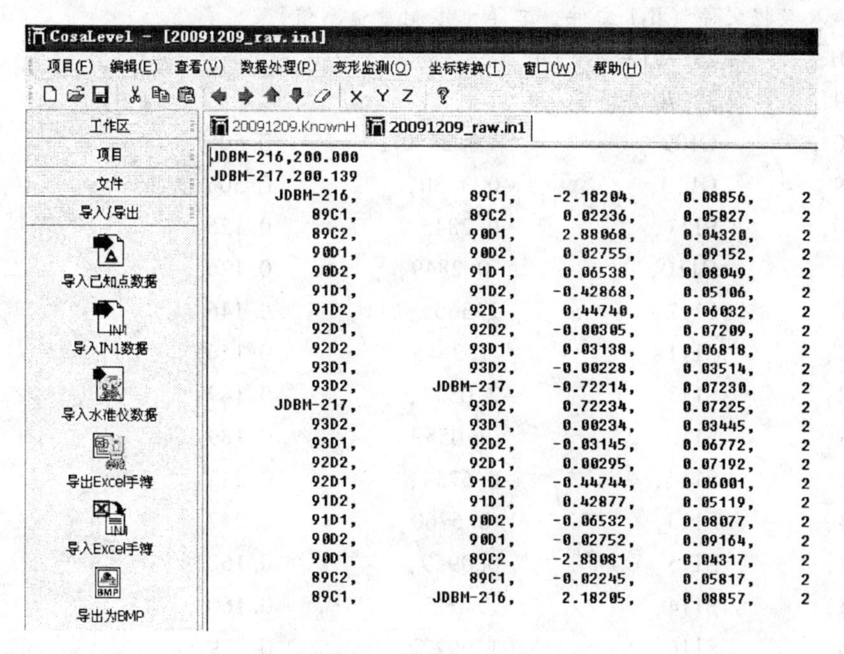

图 4-5　生成 IN1 文件

6. 网平差

网平差如图 4-6 所示，网平差结果如：“20091209. ou1”。

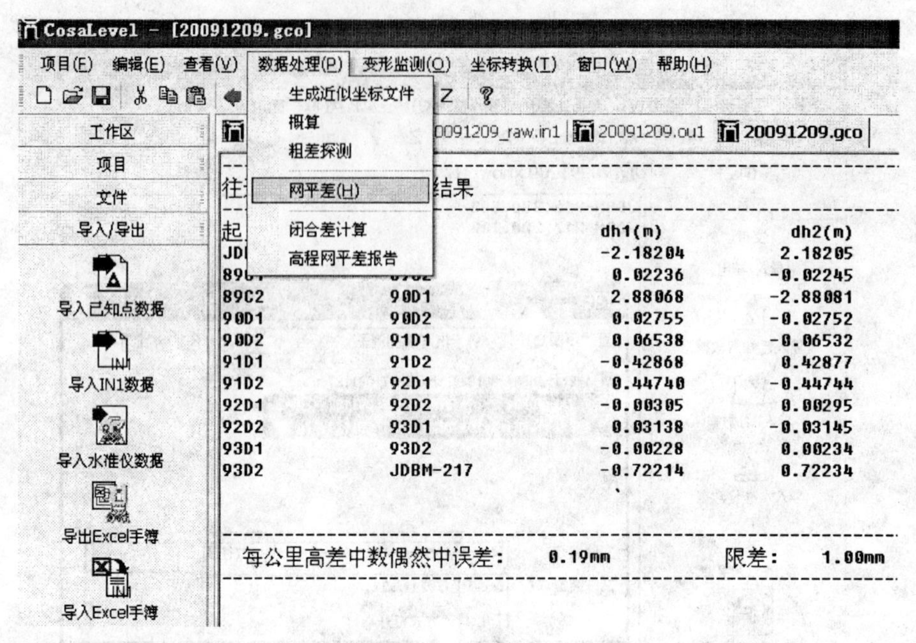

图 4-6 网平差

4.4.2 水准网平差算例

1. 输入数据文件（IN1 文件，二等水准测量观测值）

```
BM01,     25.7919
G109,     32.7078
G110 ,    G109 ,     0.3420 ,    0.505
G109 ,    G110,     -0.3430,     0.505
G110,     S111,     -0.2845,     0.126
S111,     G110,      0.2849,     0.126
S111,     S112,     -1.3655,     0.146
S112,     S111,      1.3645,     0.146
S112,     S113,     -2.0557,     0.189
S113,     S112,      2.0559,     0.189
S113,     S114,     -0.6754,     0.242
S114,     S113,      0.6760,     0.242
S114,     S115,     -0.0959,     0.160
S115,     S114,      0.0952,     0.160
S115,     S116,     -1.9922,     0.499
S116,     S115,      1.9912,     0.499
S116,     S117,      0.1646,     0.317
```

S117,　　S116,　　-0.1649,　　0.317
S117,　　B113,　　0.3368;　　0.420
B113,　　S117,　　-0.3370,　　0.420
B113,　　BM01,　　-0.6060,　　0.127
BM01,　　B113,　　0.6062,　　0.127

2. 平差结果（表4-3）

表4-3　　平差结果

控制网总体信息

计算软件：	CosaLevel	网名：Level_ 1	
项目名称：	Level_ 1	项目类型：高程网	
测量部门：		作业日期：	
测量人员：		计算人员：	
已知点数：	2	未知点数：	9
先验单位权中误差（mm）：	1.000	后验单位权中误差（mm）：	0.303
评定精度采用中误差（mm）：	0.303	测量等级：水准测量国标二等	
PVV（mm^2）：	0.09	自由度：	1

高差观测值

序号	起点	末点	观测值（m）	距离（km）	权
1	G110	G109	0.34200	0.50500	1.980
2	G109	G110	-0.34300	0.50500	1.980
3	G110	S111	-0.28450	0.12600	7.937
4	S111	G110	0.28490	0.12600	7.937
5	S111	S112	-1.36550	0.14600	6.849
6	S112	S111	1.36450	0.14600	6.849
7	S112	S113	-2.05570	0.18900	5.291
8	S113	S112	2.05590	0.18900	5.291
9	S113	S114	-0.67540	0.24200	4.132
10	S114	S113	0.67600	0.24200	4.132
11	S114	S115	-0.09590	0.16000	6.250
12	S115	S114	0.09520	0.16000	6.250
13	S115	S116	-1.99220	0.49900	2.004
14	S116	S115	1.99120	0.49900	2.004

续表

序号	起点	末点	观测值（m）	距离（km）	权
15	S116	S117	0.16460	0.31700	3.155
16	S117	S116	-0.16490	0.31700	3.155
17	S117	B113	0.33680	0.42000	2.381
18	B113	S117	-0.33700	0.42000	2.381
19	B113	BM01	-0.60600	0.12700	7.874
20	BM01	B113	0.60620	0.12700	7.874

平差观测值

序号	起点	末点	平差值（m）	改正数（mm）	高差中误差（mm）	距离（km）
1	G110	G109	0.34259	0.59	0.19	0.50500
2	G109	G110	-0.34259	0.41	0.19	0.50500
3	G110	S111	-0.28472	-0.22	0.10	0.12600
4	S111	G110	0.28472	-0.18	0.10	0.12600
5	S111	S112	-1.36503	0.47	0.11	0.14600
6	S112	S111	1.36503	0.53	0.11	0.14600
7	S112	S113	-2.05583	-0.13	0.13	0.18900
8	S113	S112	2.05583	-0.07	0.13	0.18900
9	S113	S114	-0.67574	-0.34	0.14	0.24200
10	S114	S113	0.67574	-0.26	0.14	0.24200
11	S114	S115	-0.09558	0.32	0.12	0.16000
12	S115	S114	0.09558	0.38	0.12	0.16000
13	S115	S116	-1.99179	0.41	0.19	0.49900
14	S116	S115	1.99179	0.59	0.19	0.49900
15	S116	S117	0.16469	0.09	0.16	0.31700
16	S117	S116	-0.16469	0.21	0.16	0.31700
17	S117	B113	0.33682	0.02	0.18	0.42000
18	B113	S117	-0.33682	0.18	0.18	0.42000
19	B113	BM01	-0.60612	-0.12	0.11	0.12700
20	BM01	B113	0.60612	-0.08	0.11	0.12700

续表

平差高程值			
序号	点名	高程（m）	高程中误差（mm）
1	BM01	25.79190	0.00
2	G109	32.70780	0.00
3	G110	32.36521	0.19
4	S111	32.08048	0.21
5	S112	30.71546	0.23
6	S113	28.65962	0.24
7	S114	27.98388	0.25
8	S115	27.88830	0.25
9	S116	25.89651	0.23
10	S117	26.06120	0.20
11	B113	26.39802	0.11

往返测高差不符值计算结果							
起点	终点	dh1（m）	dh2（m）	delta（mm）	距离（km）	限差（mm）	评价
G110	G109	0.34200	−0.34300	−1.00	0.50500	2.84	合格
G110	S111	−0.28450	0.28490	0.40	0.12600	1.42	合格
S111	S112	−1.36550	1.36450	−1.00	0.14600	1.53	合格
S112	S113	−2.05570	2.05590	0.20	0.18900	1.74	合格
S113	S114	−0.67540	0.67600	0.60	0.24200	1.97	合格
S114	S115	−0.09590	0.09520	−0.70	0.16000	1.60	合格
S115	S116	−1.99220	1.99120	−1.00	0.49900	2.83	合格
S116	S117	0.16460	−0.16490	−0.30	0.31700	2.25	合格
S117	B113	0.33680	−0.33700	−0.20	0.42000	2.59	合格
B113	BM01	−0.60600	0.60620	0.20	0.12700	1.43	合格

每公里高差中数偶然中误差：　0.66mm　限差：　1.00mm　合格！

高差闭合差计算结果

线路号：1

线路点号：　G109　G110　S111　S112　S113
S114　S115　S116　S117　B113
BM01

高差闭合差：　0.50（mm）

总长度：　2.7310（km）

限差：　6.61mm　合格！

第5章　GPS控制网平差软件设计

5.1　概述

在GPS定位中，在任意两个观测站上用GPS卫星的同步观测成果，可得到两点之间的基线向量观测值，它是在WGS84坐标系下两点间的三维坐标差。为了提高定位结果的精度和可靠性，通常需将不同时段观测的基线向量连接成网，称为GPS基线向量网。以各基线向量为观测值，经过平差计算求得最终成果。进行GPS网平差的目的主要有：

①消除由观测量和已知条件中所存在的误差而引起的GPS网在几何上的不一致；

②改善GPS网的质量，评定GPS网精度；

③确定GPS网中点在指定参照系下的坐标以及其他所需参数的估值。

根据进行网平差时所采用观测量和已知条件的类型和数量，GPS基线向量网平差可分为自由网平差或无约束平差，约束平差，GPS网与地面网联合平差。

平差可以以三维模式进行，也可以以二维模式进行，因此，根据进行平差时所采用的坐标系的类型，GPS网平差可分为三维平差和二维平差。若以二维模式进行平差，应首先将三维GPS基线向量坐标及其方差阵转换至二维平差计算面，可以是椭球面，也可以是高斯投影平面。一般GPS网平差采用间接平差法。

5.2　GPS网无约束平差的数据处理理论

5.2.1　数学模型

1. 函数模型

本节主要讨论GPS三维基线向量网的经典自由网平差和约束平差，GPS网与地面网三维联合平差模型参见第2章2.4.5节。

设GPS网中各待定点的空间直角坐标平差值为待求参数，参数的纯量形式记为

$$\begin{bmatrix} \hat{X}_i \\ \hat{Y}_i \\ \hat{Z}_i \end{bmatrix} = \begin{bmatrix} X_i^0 \\ Y_i^0 \\ Z_i^0 \end{bmatrix} + \begin{bmatrix} \hat{x}_i \\ \hat{y}_i \\ \hat{z}_i \end{bmatrix} \tag{5-1}$$

若GPS基线向量观测值为（ΔX_{ij}，ΔY_{ij}，ΔZ_{ij}），则三维坐标差，即基线向量观测值的平差值为

$$\begin{bmatrix} \Delta\hat{X}_{ij} \\ \Delta\hat{Y}_{ij} \\ \Delta\hat{Z}_{ij} \end{bmatrix} = \begin{bmatrix} \hat{X}_j \\ \hat{Y}_j \\ \hat{Z}_j \end{bmatrix} - \begin{bmatrix} \hat{X}_i \\ \hat{Y}_i \\ \hat{Z}_i \end{bmatrix} = \begin{bmatrix} \Delta X_{ij} + V_{X_{ij}} \\ \Delta Y_{ij} + V_{Y_{ij}} \\ \Delta Z_{ij} + V_{Z_{ij}} \end{bmatrix} \tag{5-2}$$

基线向量的误差方程为

$$\begin{bmatrix} V_{X_{ij}} \\ V_{Y_{ij}} \\ V_{Z_{ij}} \end{bmatrix} = \begin{bmatrix} \hat{x}_j \\ \hat{y}_j \\ \hat{z}_j \end{bmatrix} - \begin{bmatrix} \hat{x}_i \\ \hat{y}_i \\ \hat{z}_i \end{bmatrix} + \begin{bmatrix} X_j^0 - X_i^0 - \Delta X_{ij} \\ Y_j^0 - Y_i^0 - \Delta Y_{ij} \\ Z_j^0 - Z_i^0 - \Delta Z_{ij} \end{bmatrix} \tag{5-3}$$

或

$$\begin{bmatrix} V_{X_{ij}} \\ V_{Y_{ij}} \\ V_{Z_{ij}} \end{bmatrix} = \begin{bmatrix} \hat{x}_j \\ \hat{y}_j \\ \hat{z}_j \end{bmatrix} - \begin{bmatrix} \hat{x}_i \\ \hat{y}_i \\ \hat{z}_i \end{bmatrix} - \begin{bmatrix} \Delta X_{ij} - \Delta X_{ij}^0 \\ \Delta Y_{ij} - \Delta Y_{ij}^0 \\ \Delta Z_{ij} - \Delta Z_{ij}^0 \end{bmatrix} \tag{5-4}$$

令

$$\underset{3\times1}{V_K} = \begin{bmatrix} V_{X_{ij}} \\ V_{Y_{ij}} \\ V_{Z_{ij}} \end{bmatrix},\ \underset{3\times1}{X_i^0} = \begin{bmatrix} X_i^0 \\ Y_i^0 \\ Z_i^0 \end{bmatrix},\ \underset{3\times1}{\hat{x}_j} = \begin{bmatrix} \hat{x}_j \\ \hat{y}_j \\ \hat{z}_j \end{bmatrix},\ \underset{3\times1}{\hat{x}_i} = \begin{bmatrix} \hat{x}_i \\ \hat{y}_i \\ \hat{z}_i \end{bmatrix},\ \underset{3\times1}{\Delta X_{ij}} = \begin{bmatrix} \Delta X_{ij} \\ \Delta Y_{ij} \\ \Delta Z_{ij} \end{bmatrix}$$

则编号为 K 的基线向量误差方程为

$$\underset{3\times1}{V_K} = \underset{3\times1}{\hat{x}_j} - \underset{3\times1}{\hat{x}_i} - \underset{3\times1}{l_K}$$

式中，

$$\underset{3\times1}{l_K} = \underset{3\times1}{\Delta X_{ij}} - \underset{3\times1}{\Delta X_{ij}^0} = \underset{3\times1}{\Delta X_{ij}} - (\underset{3\times1}{X_j^0} - \underset{3\times1}{\Delta X_i^0})$$

当网中有 m 个测站点，n 条基线向量时，则 GPS 网的误差方程为

$$\underset{3n\times1}{V} = \underset{3n\times3m}{B}\ \underset{3m\times1}{x} - \underset{3n\times1}{l} \tag{5-5}$$

2. 随机模型

对于 i、j 两点间的基线向量（ΔX_{ij}，ΔY_{ij}，ΔZ_{ij}），三个坐标差分量是相关的，其方差-协方差矩阵为

$$D_{ij} = \begin{bmatrix} \sigma_{\Delta X_{ij}}^2 & \sigma_{\Delta X_{ij}\Delta Y_{ij}} & \sigma_{\Delta X_{ij}\Delta Z_{ij}} \\ \sigma_{\Delta X_{ij}\Delta Y_{ij}} & \sigma_{\Delta Y_{ij}}^2 & \sigma_{\Delta Y_{ij}\Delta Z_{ij}} \\ \sigma_{\Delta X_{ij}\Delta Z_{ij}} & \sigma_{\Delta Y_{ij}\Delta Z_{ij}} & \sigma_{\Delta Z_{ij}}^2 \end{bmatrix} \tag{5-6}$$

大部分商用软件是按单基线模式进行基线向量解算，忽略了基线向量之间的相关性，因此，对于全网而言，随机模型中的 D 是块对角阵，即

$$D = \begin{bmatrix} \underset{3\times3}{D_1} & 0 & \cdots & 0 \\ 0 & \underset{3\times3}{D_2} & \cdots & 0 \\ \vdots & \vdots & \ddots & \vdots \\ 0 & 0 & \cdots & \underset{3\times3}{D_g} \end{bmatrix}$$

式中，D 的脚标 1，2，…，g 为各观测向量号。权阵为

$$P^{-1} = D/\sigma_0^2\ ,\ P = (D/\sigma_0^2)^{-1}$$

其中，σ_0^2 可任意选定，一般可设为 1，因此可写出 $P = D^{-1}$ 。

5.2.2 平差准则与坐标成果

GPS 网的平差准则采用最小二乘原理的间接平差，即

$$\underset{3n\times1}{V}^{\mathrm{T}} P \underset{3n\times1}{V} = \min \tag{5-7}$$

对式（5-5），在式（5-7）平差基准的条件下进行网平差处理。

选定网中某点作为起算基准点 i，i 点在 WGS-84 坐标系下的坐标为（X_i，Y_i，Z_i）。由 GPS 三维基线向量观测值，根据极坐标公式

$$\begin{aligned} X_j^0 &= X_i + \Delta X_{ij} \\ Y_j^0 &= Y_i + \Delta Y_{ij} \\ Z_j^0 &= Z_i + \Delta Z_{ij} \end{aligned} \tag{5-8}$$

可以推算出其他测站点的近似坐标。而后由所有基线向量与方差-协方差阵等观测值信息建立整网误差方程，即式（5-5），对其按间接平差，即可获得点位坐标的改正数平差值：

$$\underset{3m\times1}{\hat{x}} = (\underset{3n\times3m}{B^{\mathrm{T}}} \underset{3n\times3m}{P\ B})^{-1} \underset{3n\times3m}{B^{\mathrm{T}}} \underset{3n\times1}{P\ l} \tag{5-9}$$

平差后的点为坐标为

$$X = X^0 + \hat{x} \tag{5-10}$$

5.2.3 GPS 网平差成果的质量检核

1. 三维基线向量残差

将式（5-9）代入式（5-5），可以求出 n 条基线向量的三维基线向量残差的改正数为

$$\underset{3n\times1}{V} = \underset{3n\times3m}{B} (\underset{3n\times3m}{B^{\mathrm{T}}} \underset{3n\times3m}{P\ B})^{-1} \underset{3n\times3m}{B^{\mathrm{T}}} \underset{3n\times1}{P\ l} - \underset{3n\times1}{l} \tag{5-11}$$

根据 GPS 测量规范（GB-T 18314—2009），无约束平差中，基线分量的改正数绝对值 $\underset{3n\times1}{V}$ 应该满足下式的要求：

$$\underset{3n\times1}{V} \leqslant 3\sigma \tag{5-12}$$

式中，σ 为基线测量中误差，单位为毫米（mm），其计算方法采用外业测量时使用的 GPS 接收机的标称精度，其计算公式为

$$\sigma = \sqrt{a^2 + (b \cdot S)^2} \tag{5-13}$$

其中，a 、b 分别为 GPS 接收机的固定误差和比例误差；S 为基线边长，计算时按实际平均边长计算。

2. 重复基线差

GPS 网基线处理，复测基线的长度较差 d_s 应满足公式：

$$d_s \leqslant 2\sqrt{2}\,\sigma \tag{5-14}$$

计算 GPS 重复基线差的子程序举例：

```
void main( )
{
    FILE * InputData;
    FILE * OutputData;
    char InputDataFile[200],OutputDataFile[200];
    CArray<double,double>X;
    CStringArray FromPointName;
    CStringArray ToPointName;
    char Temp1[80],Temp2[80];
  double DX[100],DY[1000],DZ[100],DS[100];

    int i,j,k;
  double dDX,dDY,dDZ,dDS;
    FromPointName. SetSize(10);
    ToPointName. SetSize(10);

  strcpy(InputDataFile,"F://重复基线差.txt");
  strcpy(InputDataFile,"F://重复基线差结果.txt");

    InputData=fopen(InputDataFile,"rt");
    OutputData=fopen(OutputDataFile,"wt");

    for(i=0;i<2;i++)
    {
        fscanf(InputData,"%s %s %lf %lf %lf %lf\n",Temp1,Temp2,&DX[i],&DY
[i],&DZ[i],&DS[i]);
        FromPointName[i]=Temp1;
        ToPointName[i]=Temp2;
    }

    for(i=0;i<2;i++)
        for(j=i+1;j<2;j++)
        {

            if ( FromPointName [ j ] = = ToPointName [ i ]  &&  ToPointName [ j ] = =
FromPointName[i])
```

```
{
dDX=DX[i]+DX[j];
    dDY=DY[i]+DY[j];
    dDZ=DZ[i]+DZ[j];
    dDS=DS[i]+DS[j];

CString2Char(FromPointName[i],Temp1);
CString2Char(ToPointName[i],Temp2);
fprintf(OutputData,"%s %s %12.3lf %12.3lf %12.3lf %12.3lf %12.3lf
%12.3lf %12.3lf %12.3lf %12.3lf %12.3lf %12.3lf %12.3lf\n",Temp1,Temp2,DX[i],
DX[j],dDX,DY[i],DY,dDY,DZ[i],DZ[j],dDZ,DS[i],DS[j],dDS);
break;
}

    if(FromPointName[j]==FromPointName[i] && ToPointName[j]==To-
PointName[i])
    {
dDX=DX[i]-DX[j];
    dDY=DY[i]-DY[j];
    dDZ=DZ[i]-DZ[j];
    dDS=DS[i]-DS[j];

CString2Char(FromPointName[i],Temp1);
CString2Char(ToPointName[i],Temp2);
fprintf(OutputData,"%s %s %12.3lf %12.3lf %12.3lf %12.3lf %12.3lf %12.3lf %12.3lf
%12.3lf %12.3lf %12.3lf %12.3lf %12.3lf\n",Temp1,Temp2,DX[i],DX[j],dDX,DY
[i],DY,dDY,DZ[i],DZ[j],dDZ,DS[i],DS[j],dDS);
break;
}

}
fclose(InputData);
fclose(OutputData);
}
```

3. 环闭合差检验

GPS 基线处理完成后，其独立闭合环或附合路线坐标闭合差 W_S 和各坐标分量闭合差（W_X、W_Y、W_Z）应满足：

$$
\left.\begin{aligned}
W_X &\leqslant 3\sqrt{n}\,\sigma \\
W_Y &\leqslant 3\sqrt{n}\,\sigma \\
W_Z &\leqslant 3\sqrt{n}\,\sigma \\
W_S &\leqslant 3\sqrt{3n}\,\sigma
\end{aligned}\right\}
\tag{5-15}
$$

式中，n 为闭合环的边数。

5.3 GPS 网三维无约束平差主程序实例

GPS 控制网平差软件设计与前面所讲的平面控制网和高程控制网的设计大致是相似的，但 GPS 网有自己独特的之处。软件的设计对一个项目或者一个工程数据的处理采用工程管理方式，即用实际工程项目数据处理所采用的工程形式，管理所有相关信息以及数据处理，各类结果和中间文件保存在工程文件夹中，以便查看和利用，每个工程都要自己建立一个文件夹和一个工程的系统文件，工程文件夹和系统文件的命名与工程名完全相同。所有的系统信息都存储在工程文件中，如工程名、外业测量的信息、椭球的信息等。工程中的文件都采用统一命名，即工程名+后缀名，不同的数据文件可用后缀名加以区别。GPS 控制网平差软件整体功能实现是不同模块功能的集合，不同的模块由工程管理统一协调管理。

5.3.1 类设计

GPS 三维无约束平差类定义为 CGPS3dAdjustment，该类中包含多个函数并调用多个其他类，平差采用最小二乘原理，整个平差过程中，方程系数或者常量以及其他变量采用矩阵类（Matrix）和数组类定义的变量进行存储。误差方程系数变量为 Bxsmatrix，误差方程常数项为 Lcsmatrix，定权矩阵为 WeightP，法方程系数为 Nbb，法方程常数项为 BTPL，法方程的逆矩阵为 invNbb，参数矩阵为 ParaXYZ，观测值改正数矩阵为 Vcorrection，平差值坐标是双精度类型数组存储，X 平差值坐标为 GPS3dAdjustedCoorX，Y 平差值坐标为 GPS3dAdjustedCoorY，Z 平差值坐标为 GPS3dAdjustedCoorZ；点位误差信息和观测值误差信息采用双精度类型或者单精度指针变量存储，X、Y、Z 坐标分量的误差以及点位误差指针变量为 *mx、*my、*mz、*mxyz，基线和边长的误差指针变量为 *G3dBaselineMSE、*Side3dMSE，验后单位权中误差为双精度类型变量 Cigma0。程序流程图如图 5-1 所示。主要程序代码如下：

```
//平差类定义：
class CGPSAdjustment
{
public:
    CGPSAdjustment();
    ~CGPSAdjustment();
public:
```

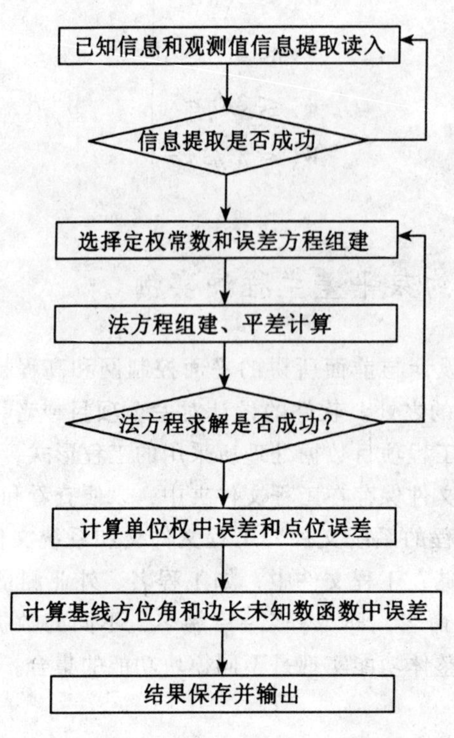

图 5-1　GPS 网三维无约束平差流程图

```
        CReadGPS3dVector ReadGPS3d;
    …
    public:
        CArray<double,double>GPS3dAdjustedCoorX;
        CArray<double,double>GPS3dAdjustedCoorY;
        CArray<double,double>GPS3dAdjustedCoorZ;
        double * mx, * my, * mz, * mxyz;
        double * G3dBaselineMSE, * Side3dMSE;
        double Cigma0,PVV;
        ….
    public:
        Matrix Bxsmatrix,Lcsmatrix,WeightP;
        Matrix invNbb,Vcorrection;
    …
    private:
        BOOL GetDataInformation(void);
        BOOL ConstructErrorEquation(void);
        BOOL AdjustmentCalculate(void);
```

```
    BOOL OutGPS3dResult(void);
…
};
```

5.3.2 类成员函数的实现

下面主要介绍组建GPS基线向量误差方程的成员函数，平差计算函数、精度评定和结果保存输出函数与前面的平面网和高程网平差过程和矩阵计算的方法完全相同，可以参照前面的代码，这里不再重复。

```
//误差方程组建函数
BOOL CGPSAdjustment::ConstructErrorEquation(void)
{
//The function is construct error equation ceofficient matrix,
// successfully return TRUE
//定义函数内部变量
int i,j;
int k0,k1,k2,k3;
double deltX,deltY,deltZ;
…
C0=Glb_Config.CurrentGnssNetwork.Cigma0/10;//单位权中误差
//分配内存空间
Bxsmatrix.SetSize(3 * G3dVectorNum+SideNumber,3 * G3dUnKPointNum);
Lcsmatrix.SetSize(3 * G3dVectorNum+SideNumber,1);
WeightP.SetSize(3 * G3dVectorNum+SideNumber,3 * G3dVectorNum+SideNumber);
//初始化矩阵
Bxsmatrix.Null();
Lcsmatrix.Null();
WeightP.Null();
….
//组建误差方程
for(i=0;i<G3dVectorNum;i++)
{
    k2=ReadGPS3d.GPS3dVectorFromOrder[i];
    k3=ReadGPS3d.GPS3dVectorToOrder[i];
    deltX=ReadGPS3d.GPS3dCoordinateX[k2]-ReadGPS3d.GPS3dCoordinateX[k3];
    deltY=ReadGPS3d.GPS3dCoordinateY[k2]-ReadGPS3d.GPS3dCoordinateY[k3];
    deltZ=ReadGPS3d.GPS3dCoordinateZ[k2]-ReadGPS3d.GPS3dCoordinateZ[k3];
    //误差方程系数
    if(k2>=G3dKPointNum && k3>=G3dKPointNum)//两点都是未知点
    {
```

```
        k0=k2-G3dKPointNum;
        k1=k3-G3dKPointNum;
        for(j=0;j<3;j++)
        {
            Bxsmatrix(3 * i+j,3 * k0+j)=-1;
            Bxsmatrix(3 * i+j,3 * k1+j)=1;
        }
    }
    if(k2<G3dKPointNum && k3>=G3dKPointNum)//一点为未知点
    {
        k1=k3-G3dKPointNum;
        for(j=0;j<3;j++)
        {
            Bxsmatrix(3 * i+j,3 * k1+j)=1;
        }
    }
    if(k2>=G3dKPointNum && k3<G3dKPointNum)//一点为未知点
    {
        k0=k2-G3dKPointNum;
        for(j=0;j<3;j++)
        {
            Bxsmatrix(3 * i+j,3 * k0+j)=-1;
        }
    }
//误差方程常数项
    Lcsmatrix(3 * i,0)=(deltX+ReadGPS3d. GPS3dVector_DX[i]) * 100;
    Lcsmatrix(3 * i+1,0)=(deltY+ReadGPS3d. GPS3dVector_DY[i]) * 100;
    Lcsmatrix(3 * i+2,0)=(deltZ+ReadGPS3d. GPS3dVector_DZ[i]) * 100;
//权阵处理
...
    WeightPi=! QQxyz;
    WeightP(3 * i,3 * i)=WeightPi(0,0);
    WeightP(3 * i+1,3 * i+1)=WeightPi(1,1);
    WeightP(3 * i+2,3 * i+2)=WeightPi(2,2);
    ...
    WeightP(3 * i+2,3 * i+1)=WeightPi(2,1);
}
```

5.4 GPS 网算例

本节以 CosaGPS 软件为例，讲解程序使用方法和 GPS 网算例。

5.4.1 程序使用说明

CosaGPS 具有在世界空间直角坐标系（WGS-84）进行三维向量网平差（无约束平差和约束平差）、在椭球面上进行卫星网与地面网三维平差、在高斯平面坐标系进行二维联合平差、针对工程独立网的固定一点一方向的平差、高程拟合等功能，并带有常用的工程测量计算工具，可以实现各种坐标转换；可以自动读取天宝 TGO/TTC、徕卡 LGO、拓扑康 Pinnacle、泰雷兹 Solution、Gamit、中海达 GPS、南方测绘 GPS、华测 GPS 等软件输出的基线向量文件，按同步观测时段进行文件管理和格式转换，自动计算同步环和异步环闭合差，进行重复基线比较；设置了与各种测量规范对应的“控制网等级”选项，输出成果符合如下多种规范的要求：

全球定位系统（GPS）测量规范（GB/T 18314—2009）；
全球定位系统城市测量技术规程（CJJ 73—97）；
城市轨道交通工程测量规范（GB 50308—2008）；
高速铁路工程测量规范（TB10601—2009）；
公路全球定位系统（GPS）测量规范（JTJ T 066—1998）；
工程测量规范（GB50026—2007）；
水利水电工程测量规范（规划设计阶段，SL197—97）；
水电水利工程施工测量规范（DL/T 5173—2003）。

对于测量单位自主设计的控制网指标要求，可以采用“自定义”的方式进行解决。

工程是指某项确定的任务，它是所有与之相关文档的集合，其中，单个的文档称为文件，相关的文件通过工程而联系在一起。该系统是按工程进行 GPS 控制网管理和处理的，大部分操作是对所选定的工程进行的，这样做的优点是便于存档和调阅。观测数据文件和平差结果文件等，都是与工程有关的文档，一个工程会涉及许多的文档，根据一定的命名规则，系统会调用相应的文档进行处理。

工程名一般采用地区或测区名称，这样易于记忆，其构成形式为 *. prj，其中，* 是用户自己定义的，可由汉字、英文字母、数字、符号等组成，后缀 prj 是系统指定的，系统把以 prj 为后缀的文件看做工程文件。另外，还有许多的数据文件和结果文件，其命名规则及含义见表 5-1。

表 5-1 文件命名规则

与工程有关的 GPS 文件	
*工程名 . GPS1dKnownH	已知高程文件
*工程名 . GPS2dKnownXY	已知平面坐标文件
*工程名 . GPS3dKnownXYZ	已知三维坐标文件
*工程名 . GPS2dAzimuth	地面方位角
*工程名 . GPS2dDistance	地面边长
工程名 . GPS3dVector	GPS 三维基线向量

续表

与工程有关的 GPS 文件	
工程名 . GPS2dVector	GPS 二维坐标差向量
工程名 . GPS3dBLHVector	GPS 三维大地坐标差向量
工程名 . GPS1dResult	GPS 高程拟合结果
工程名 . GPS2dResult	GPS 二维联合平差结果
工程名 . GPS3dResult	GPS 三维向量网平差结果
工程名 . GPS3dBLHResult	GPS 三维网椭球面上联合平差结果
工程名 . GPS3dBLH	GPS 三维大地坐标文件
工程名 . GPS3dXYH	GPS 平面坐标和大地高文件
工程名 . GPS3dXYHEFT	GPS 平面坐标、大地高、误差椭圆元素文件
工程名 . GPS2dXYEFT	GPS 二维联合平差高斯平面坐标及误差椭圆元素文件
工程名 . dxf	AutoCAD 的 DXF 格式的网图文件
*表格方式输入的数据文件也可以用文本编辑器进行编辑	
固定一点一方向的工程网有关文件	
工程名 . OneFix	输入的已知数据文件，与对话框对应
工程名 . GPS2dResult1	GPS 二维平差结果
工程名 . GPS3dResult1	GPS 三维向量网平差结果
闭合差计算文件	
工程名 . GPS3dLoop	
工程名 . GPS3dMisclosure	
贯通误差影响值计算输入输出文件	
工程名 . gti	输入文件
工程名 . gto	输出文件
转换参数文件	
Parameter. 1d	高程拟合模型系数
Parameter. 2d	二维转换旋转角及尺度因子

坐标转换算例文件	
demo. xy	高斯平面直角坐标
demo. BL	大地经纬度
demo. XYZ	三维空间直角坐标
demo. BLH	三维大地坐标
demo. XYXY	不同平面坐标系坐标转换
demo. XYXY_ O	不同平面坐标系坐标转换结果
demo. XYZXYZ	不同空间直角坐标系坐标转换
demo. XYZXYZ_ O	不同空间直角坐标系坐标转换结果
用户自定义文件	
demo. GPS2dRel	用户自定义需要输出相对精度的点对文件

1. “文件”菜单项

数据处理是按工程进行的，必须首先建立“工程”，选择此项，弹出如图 5-2 所示的窗口，在该窗口中输入有关的工程参数：工程、控制网、接收机/基线解类型、投影类型、坐标加常数五个组框和中央子午线、测区平均纬度两个编辑框。

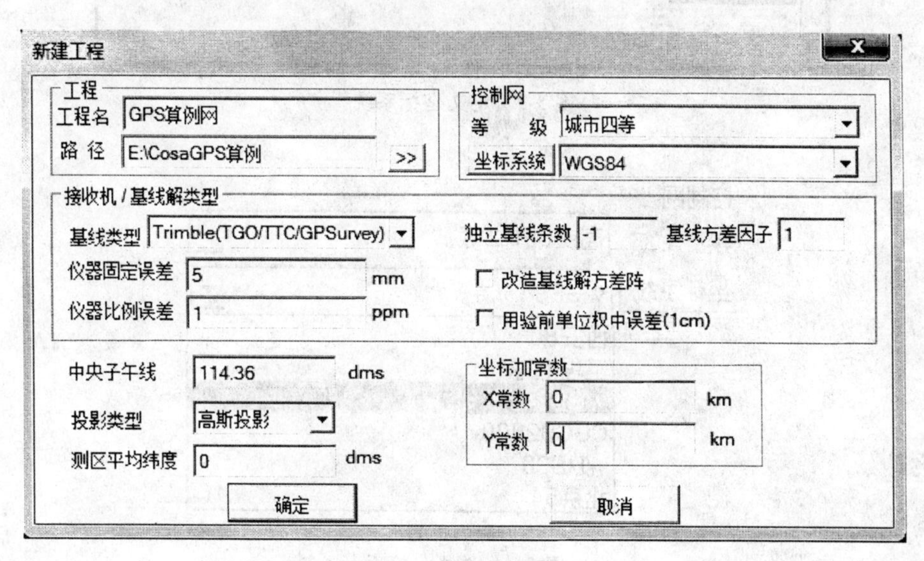

图 5-2 新建工程

（1）工程组框

在工程组框中，输入工程名以及工程所在路径两项，工程名是工程的标识，路径是工程所在的文件夹或目录。对于工程所在路径，也可点取按钮 >> 进行浏览选择。在“新建工程”，可立即进行参数设置，系统将记忆有关选项，以后可在“GPS 数据处理→设置”项中查看和修改。

(2) 控制网组框

在控制网组框中，选定或者新增坐标系统、设定控制网等级。坐标系统是点位坐标的参考系，软件中已有的常用测量坐标系统为：北京 54、西安 80、CGCS2000、WRS80、WGS84。国家坐标系统参照于某个参考椭球，在同一参考椭球下，又有空间直角坐标、大地坐标、平面直角坐标。进行坐标转换时，需选择相应的椭球参数，椭球的几何参数可由长半轴和扁率分母确定。点压按钮 坐标系统，出现如图 5-3 所示的窗口，在该窗口中输入坐标系统的椭球长半轴和椭球扁率分母，然后可在右边对应的下拉框中选定所需的坐标系统，输入无误后点击“确认”按钮。其中，西安 80、WGS84、WRS80、CGCS2000、北京 54 坐标系统是固定的，不能改变，“工程椭球 1”是用户自定义的，在控制网组框右下角的下拉框中选择要求的坐标系，如图 5-4 所示。

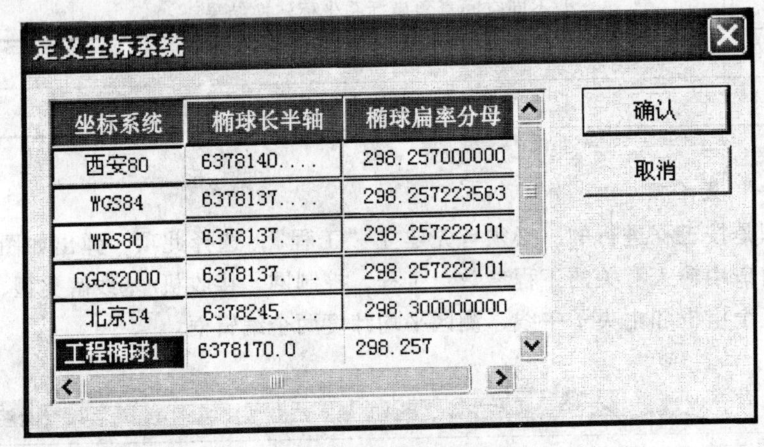

图 5-3　定义坐标系统

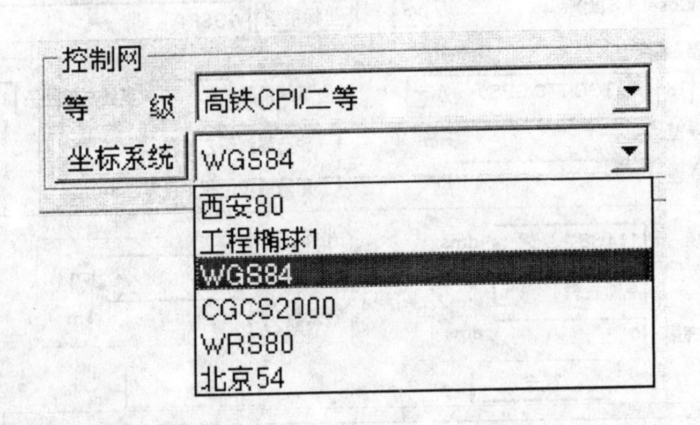

图 5-4　选择坐标系

控制网等级是按下述系列划分的：

国标 A 级；

国标 B 级；

国标 C 级；

国标 D 级；

国标 E 级；
城市二等；
城市三等；
城市四等；
城市一级；
城市二级；
高铁 CP0；
高铁一等；
高铁 CPI/二等；
高铁 CPII/三等；
高铁四等；
高铁五等；
公路一级（路线）；
公路一级（特殊）；
公路二级（路线）；
公路二级（特殊）；
公路三级（路线）；
公路三级（特殊）；
公路四级（路线）；
水利水电勘测二等；
水利水电勘测三等；
水利水电勘测四等；
水利水电勘测五等；
水电水利施工二等；
水电水利施工三等；
水电水利施工四等；
工程测量二等；
工程测量三等；
工程测量四等；
工程测量一级；
工程测量二级；
城市轨道交通；
自定义。

如果选择“自定义”，则弹出自定义精度指标对话框，如图 5-5 所示。

全球定位系统（GPS）测量规范（GB/T 18314—2009）中对应的 A、B、C、D、E 控制网，同步环闭合差、异步环闭合差、重复基线差等，是根据输入的仪器固定误差和比例误差进行限差计算。对于特殊网，如果没有包含在上述等级中，则可选择自定义，用户输入相应的参数（-1 表示该项参数不作要求）。

（3）接收机/基线解类型组框

各个 GPS 接收机生产厂家提供了相应的基线解算软件，如 Trimble 的 TGO/TTC、Lei-

自定义精度指标

固定误差	5	mm	基线方向中误差	-1
比例误差	1	ppm	相邻点坐标差中误差	-1 mm
重复基线差系数	2.828		最弱边相对中误差	-1
同步环闭合差系数	0.2		约束点间相对中误差	-1
异步环闭合差系数	3		基线水平分量中误差	-1
基线向量改正数系数	3		基线垂直分量中误差	-1
向量改正数系数(无约束-约束)	2		基线垂直分量中误差	-1

确认　取消

图 5-5　自定义控制网精度指标

ca 的 SKI、Topcon（Javad）的 Pinnacle 和 TTO（Topcon Tools Office）、Ashtech 的 Solution，等等，不同基线解算软件求得的基线向量的输出格式是不同的，CosaGPS 支持的软件格式有：Trimble（TTC/TGO/GPSurvey）、Ashtech（GPPS/Solution）、Leica（SKI/LGO）、Sokkia、Rouge、Lip、CosaGPS、Topcon/Javad（Pinnacle）、Gamit、Novatel、中海达、南方（asc）、华测。

当采用了两种以上软件解算得到网中的基线向量时，首先查看不同软件的基线向量的方差之比是否存在系统性偏差，若其比值为 1 : m1 : m2，则进行匹配处理，对第 1 种软件的基线输入 1 作为基线方差因子，生成 CosaGPS 的基线输入文件（工程名. GPS3dVector），将其名称改为 V1. GPS3dVector；对第 2 种软件的基线输入 m1 作为基线方差因子，生成 CosaGPS 的基线输入文件（工程名 . GPS3dVector），将其名称改为 V2. GPS3dVector；对第 3 种软件的基线输入 m2 作为基线方差因子，生成 CosaGPS 的基线输入文件（工程名 . GPS3dVector），将其名称改为 V3. GPS3dVector；最后将 V1、V2、V3 三个文件合并在一起并命名为工程名 . GPS3dVector，再进行后续平差处理。

接收机框中的固定误差（mm）、比例误差（ppm）、改造基线方差阵是根据 GPS 接收机的精度指标对基线的方差阵进行修正。一般情况下，不应在检查框中打勾（即不启用修正功能）；只有当验后单位权中误差很大时（说明基线向量的方差阵不准确），才将该项选中，软件将只利用基线解方差阵的相关性，同时利用仪器的标称精度（接收机的固定误差、比例误差）重新构造方差阵进行网平差。

用验前单位权中误差检查框决定平差结果的精度指标是基于验前值还是验后值，当网中多余观测量较少时，例如，当闭合环的个数少于 4 时，验后单位权中误差是不够准确的，可以采用验前单位权中误差（1cm）。

独立基线条数：省缺值为-1，即认为选定的基线全部为独立基线；若选择了全部基线进行平差（含有同步基线），则平差后的精度指标比实际值偏高，但坐标、边长、方位角仅有微小变化，在此输入独立基线的实际条数，软件将对平差后的精度指标进行修正，从而与独立基线平差结果的精度指标基本一致。

（4）坐标加常数组框

坐标加常数是指坐标系常数，例如，我国 60 带高斯坐标在 y 坐标上加 500 公里的常数，目的是为了避免出现负值。某些城市坐标系是以过城市中心或某特定点的子午线为中央子午线，往往在高斯坐标上加减一个平移常数。此处的坐标加常数起类似的作用，对GPS三维向量网平差结果中转化的高斯平面坐标起作用，对坐标转换（BL→XY）和（XY→BL）起作用，对二维联合平差不起作用。

在该组框中输入平面坐标的加常数，以公里为单位。

（5）中央子午线、投影类型

在该编辑框中输入中央子午线的经度，格式为：DDD. MMSS，分和秒必须占满两位，该软件所有的角度值（方位角、纬度、经度）的输入均采用此格式，例如，114. 300751表示114度30分7. 51秒。目前该软件提供的投影类型为高斯投影、UTM投影两类，根据测量项目的需要进行选择，我国测量工程一般采用高斯投影。

（6）测区平均纬度

这项参数用于坐标换带与高程面转换计算，对网平差的其他项目不起作用。测区平均纬度可采用近似值，也可从地图上查取，对于整个工程，应采用同一个值作为平均纬度，其作用是根据投影面大地高计算椭球长半轴的膨胀量。

2. “GPS数据处理”下拉菜单

菜单形式如图5-6所示。

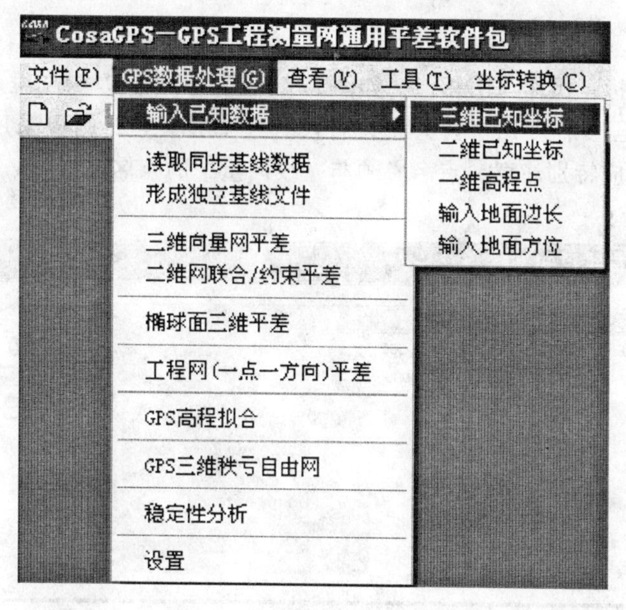

图5-6　GPS数据处理菜单项

（1）输入已知数据

已知数据分为三维已知坐标、二维已知坐标、一维高程点、地面边长、地面方位。已知数据有两种用途，一是用于控制网平差处理的解算基准，二是用于解求平面转换参数和高程拟合系数。

①三维已知坐标：作用是为三维平差输入固定点坐标。用鼠标单点该项，弹出如图5-7所示的窗口，必须至少输入一个点的三维坐标，可以是三维空间直角坐标（X，Y，Z），也可以是大地坐标（纬度B，经度L，大地高H），B、L的格式为：DDD. MMSS，X、

Y、Z、H 的单位是米。不能将（X，Y，Z）与（B，L，H）混合输入，并注意不要将三维空间直角坐标（X，Y，Z）中的（X，Y）与平面坐标（x，y）弄混。删去点名，该点即被删除，双击格网中的数据单元，其底色变白后，可修改数据，当输至底行时，会自动弹出新的空白行，所有数据向上翻动一行，列宽可用鼠标拖动来变宽或变窄。应特别注意，点名必须与基线向量中的点名（起点、终点）完全一致。

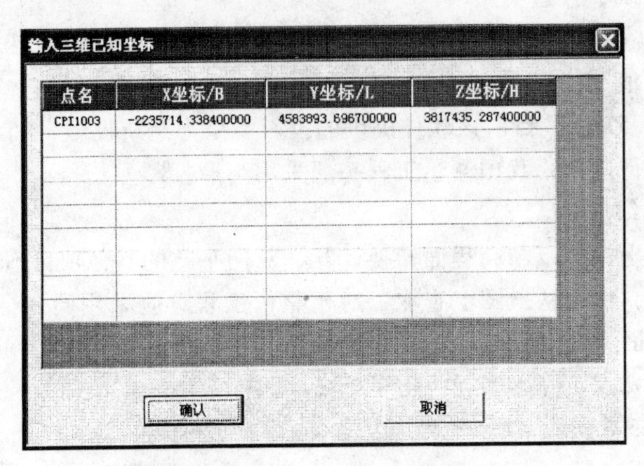

图 5-7　输入三维已知坐标

②二维已知坐标：操作与①相似，如图 5-8 所示，其作用是为二维联合平差输入地面公共点坐标，一般至少需要两个公共点，若仅有一个公共点，则应采用“固定一点一方位”的平差模式。应特别注意，点名必须与基线向量中的点名（起点、终点）完全一致。

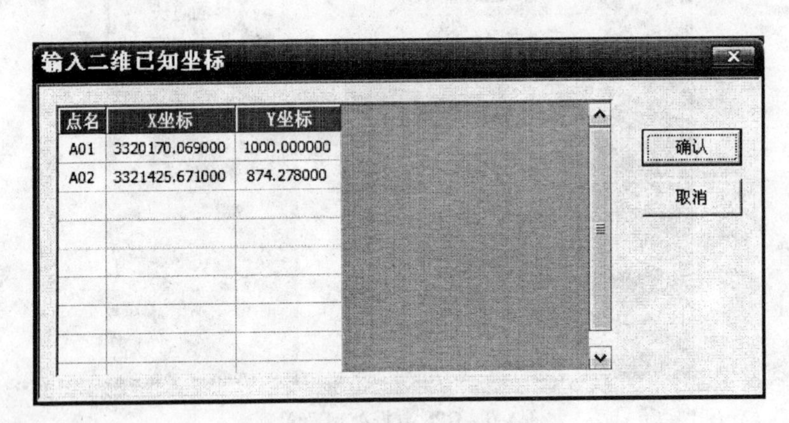

图 5-8　输入二维已知坐标

③一维高程点：操作与①相似，其作用是为高程拟合输入地面公共点的正常高。常数拟合模型至少需要一个公共高程点，平面拟合模型至少需要三个公共高程点，曲面拟合模型至少需要六个公共高程点。应特别注意，点名必须与基线向量中的点名（起点、终点）完全一致。

④输入地面边长：作用是为二维联合平差输入地面边长。鼠标单点该项，弹出如图 5-9 所示的窗口，在该窗口中输入地面边长的起点、终点、边长值（m）、中误差（cm），

对于已知边长，中误差输入 0 来表示。应特别注意，点名必须与基线向量中的点名（起点、终点）完全一致。

输入地面边长

起点	终点	边长值	中误差(cm)
00000012	00000014	185.752400	0.000000

图 5-9　输入地面边长

⑤输入地面方位：作用是为二维联合平差输入地面方位角，操作与④相似。在该窗口中输入地面方位角的起点、终点、方位角值（DDD. MMSS）、中误差（秒），对于固定方位角，中误差输入 0 来表示。应特别注意，点名必须与基线向量中的点名（起点、终点）完全一致。

（2）读取同步基线数据

同步基线数据是以观测时段为基本单元的基线向量文件，由基线处理软件输出，其格式各不相同，例如，徕卡、天宝、拓扑康、中海达、南方、华测等各自定义了基线向量文件的导出格式。应特别注意设置对话框中的“接收机/基线解类型”与选择的基线向量文件的格式相对应。

CosaGPS 以基线向量解算软件导出的基线向量文件作为观测值输入文件，以输入的已知点坐标作为起算基准，完成控制网平差计算。

在解算基线向量时，应当按照观测时段分别计算，并导出基线向量结果文件，每个同步时段导出一个文件。如果基线向量软件每条基线都形成一个独立的文件，则应在文件名中含有时段信息，从而便于后续同步环、异步环的处理。

点击“读取同步基线数据”菜单，弹出如图 5-10 所示的对话框，图中左边为待选基线文件，右边为已选基线文件。

如果各个基线文件是按同步时段输出的，即基线解算是按时段处理的，每个时段输出一个文件，则不勾选“合并文件”，按“确定”后，把已选基线文件转换为 CosaGPS 的格式，文件扩展名为“GPS3DVector_S”，并将各个文件显示在屏幕中。

如果选中的多个文件属于同一个时段，则勾选“合并文件”，按“确定”后，把已选基线文件转换为 CosaGPS 的格式，并合并到一个同步时段文件中，可以在“转换后同步基线文件”对应的编辑框中命名转换后的结果文件名，文件扩展名为“GPS3DVector_S”，将合并后的同步基线文件显示在屏幕中。

每个“GPS3DVector_S”文件都是一个时段的所有基线向量，其格式为：“起点 终点 DX DY DZ Cov（DX，DX）Cov（DY，DY）Cov（DZ，DZ）Cov（DX，DY）Cov（DX，DZ）Cov（DY，DZ）”，DX、DY、DZ 是基线向量在 X、Y、Z 坐标的三个分量，单位为 m，Cov（）是基线向量各分量的方差-协方差，单位为 cm^2。

①天宝数据交换格式：天宝 TGO、TTC 基线处理软件定义的数据交换格式为“Trim-

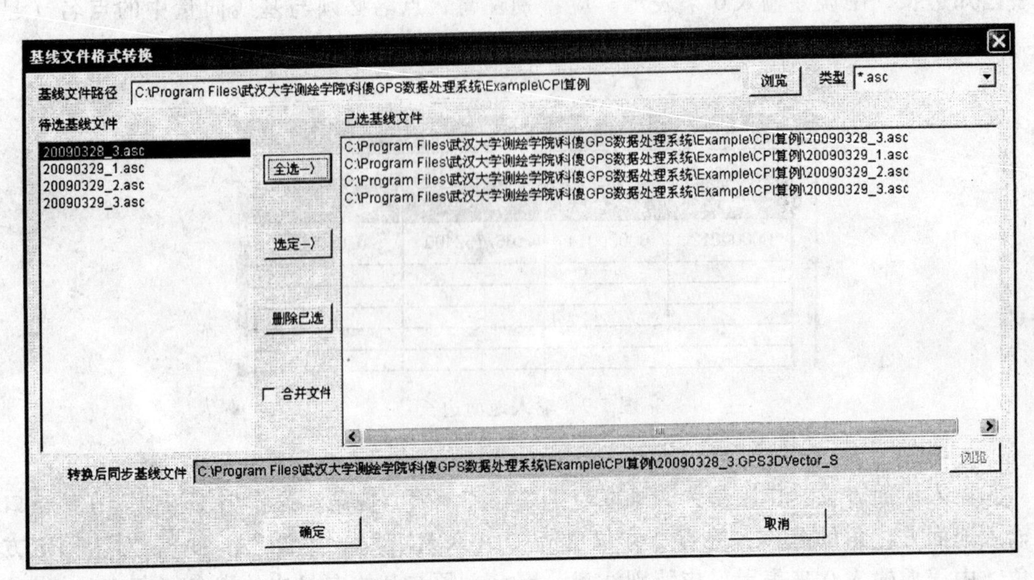

图 5-10　读取同步基线数据

ble Data Exchange（＊.asc）”。在“文件”菜单中选择“导出”，弹出如图 5-11 所示的窗口，选择“Trimble Data Exchange（＊.asc）”，点击“确定”，将基线向量显示保存到指定的文件中。

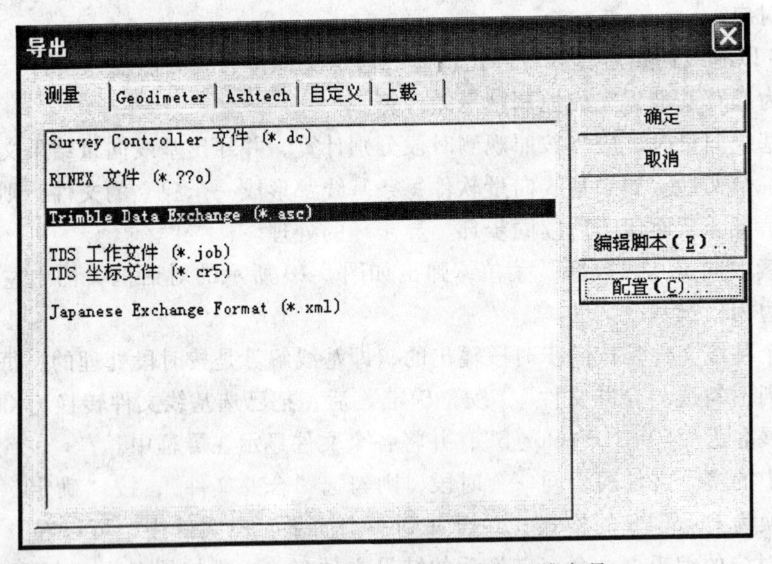

图 5-11　导出天宝数据交换格式的基线向量

天宝数据交换格式（asc）基线向量示例（以一条基线为例）：

[GPS]

Vector = 1：?：CPI1001：CPI1004：－1672.1686749605819：903.35040848711697：－2035.7220112248147：0.00000059836457：－0.00000023616035：－0.00000018219622：0.00000063987267：0.00000019125263：0.00000059958783

基线观测值格式解读：CPI1001 为基线起点，CPI1004 为基线终点；-1672.1686749605819为基线分量 DX,单位为 m;903.35040848711697 为基线分量 DY,单位为 m;-2035.7220112248147 为基线分量 DZ,单位为 m;0.00000059836457 为方差 σ_{DX}^2，单位为 m^2;-0.00000023616035 为协方差 σ_{DXDY},单位为 m^2;-0.00000018219622 为协方差 σ_{DXDZ},单位为 m^2;0.00000063987267 为方差 σ_{DY}^2,单位为 m^2;0.00000019125263 为协方差 σ_{DYDZ},单位为 m^2;0.00000059958783 为方差 σ_{DZ}^2,单位为 m^2。

格式转换成 CosaGPS 数据交换格式为：

CPI1001　CPI1004　-1672.1687 903.3504 -2035.7220 0.005984 0.006399 0.005996 -0.002362　-0.001822 0.001913

CosaGPS 格式说明：CPI1001 为基线起点，CPI1004 为基线终点；-1672.1687 为基线分量 DX，单位为 m；903.3504 为基线分量 DY，单位为 m；-2035.7220 为基线分量 DZ，单位为 m；0.005984 为方差 σ_{DX}^2，单位为 cm^2；0.006399 为方差 σ_{DY}^2，单位为 cm^2；0.005996 为方差 σ_{DZ}^2，单位为 cm^2；-0.002362 为协方差 σ_{DXDY}，单位为 cm^2；-0.001822 为协方差 σ_{DXDZ}，单位为 cm^2；0.001913 为协方差 σ_{DYDZ}，单位为 cm^2。

②徕卡数据交换格式：在 LGO 中选择“输出→ASCII data…”，显示如图 5-12 所示的窗口，再选“设置”按钮，弹出如图 5-13 所示的窗口，进行相应输出，在“常规”设置项的“文件类型”中选“基线”，在“基线”设置项中选“协方差（v）”（图 5-14）。根据提示完成后续操作即可输出基线向量文件。

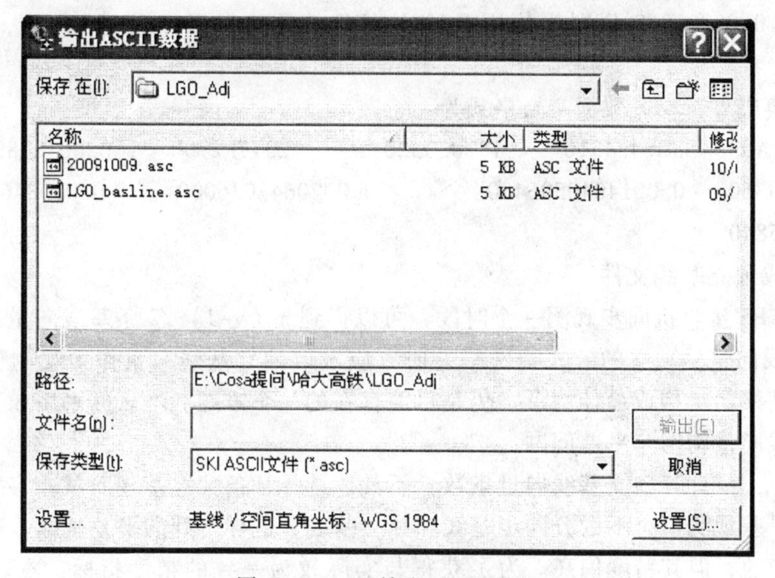

图 5-12　LGO 输出 ASCII 数据

徕卡数据交换格式（asc）基线向量示例（以一条基线为例）：

@ +A14

@ -A03　　564.431　　1320.332　　-2317.270

@ =　　0.4544　　0.00000091　　- 0.00000100　　- 0.00000041　　0.00000251 0.00000069　0.00000068

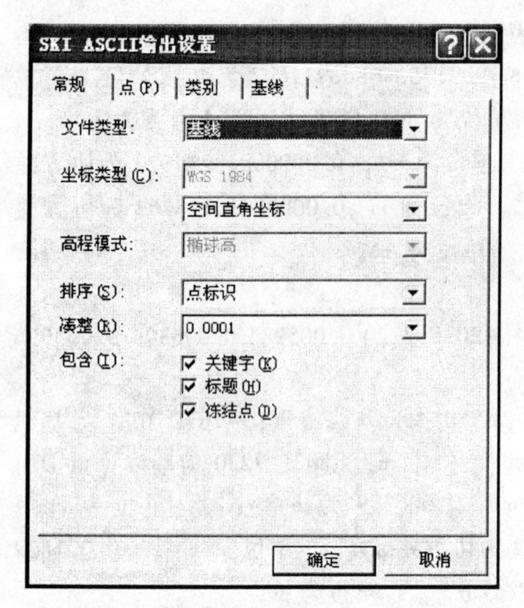

图 5-13　输出设置（常规）

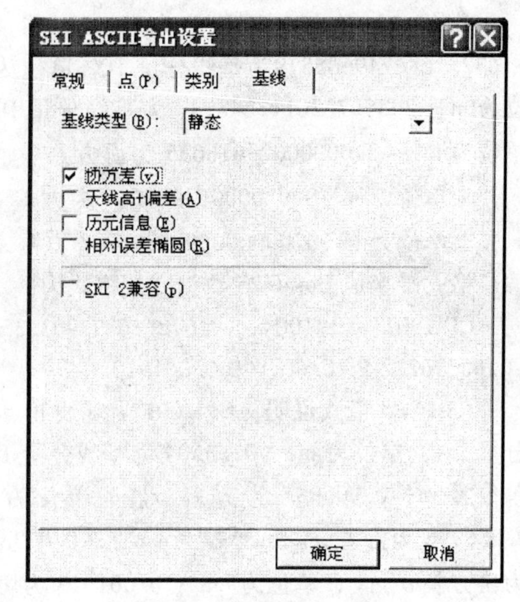

图 5-14　输出设置（基线）

基线观测值格式解读：A14 为基线起点；A03 为基线终点；564.431 为基线分量 DX，单位为 m；1320.332 为基线分量 DY，单位为 m；-2317.270 为基线分量 DZ，单位为 m；0.4544 是单位权中误差，0.00000091、-0.00000100、-0.00000041、0.00000251、0.00000069、0.00000068 分别为协因数阵上三角的元素，即 Q_{xx}，Q_{xy}，Q_{xz}，Q_{yy}，Q_{yz}，Q_{zz}。

格式转换成 CosaGPS 数据交换格式为：

A14　　A03　　564.4310　　1320.3320　　-2317.2700　　0.0018789621760
0.0051826319360　　0.0014040596480　　-0.0020647936000　　-0.0008465653760
0.0014247075840

(3) 形成独立基线文件

由 n 台 GPS 接收机同步观测一个时段，可以得到 $n(n-1)/2$ 条基线向量，其中，只有 $n-1$ 条基线向量是独立的。在构网平差时，应选取独立基线向量作为观测值，如何自动选取独立基线向量构成最佳网形，仍是目前存在的一个难题。本软件采用如下两种方式解决独立基线向量构网与平差问题：

①方法一：只计算独立基线向量条数，不具体选择各条独立基线向量。将所有的基线向量都作为平差观测值，不区分同步基线和独立基线，这样得到的平差坐标、边长、方位角仍然是正确的，但其精度偏高。为了获得与实际较为一致的精度指标，本软件在“设置”对话框中输入独立基线条数，其计算公式为 $(n-1)t$，其中，n 为每个同步观测时段采用的 GPS 接收机台数，t 为时段数，在计算单位权中误差时，采用独立基线向量条数计算自由度，从而使得验后单位权中误差与实际较为接近，后续的精度评定也较为客观，较好地解决了精度虚高的问题。

采用该方法的优点是不用挑选独立基线，操作简单；缺点是异步环闭合差计算时，同时含有一部分同步环。

操作注意事项：

在图5-15的对话框中，“生成独立基线方式”应选“全选”。

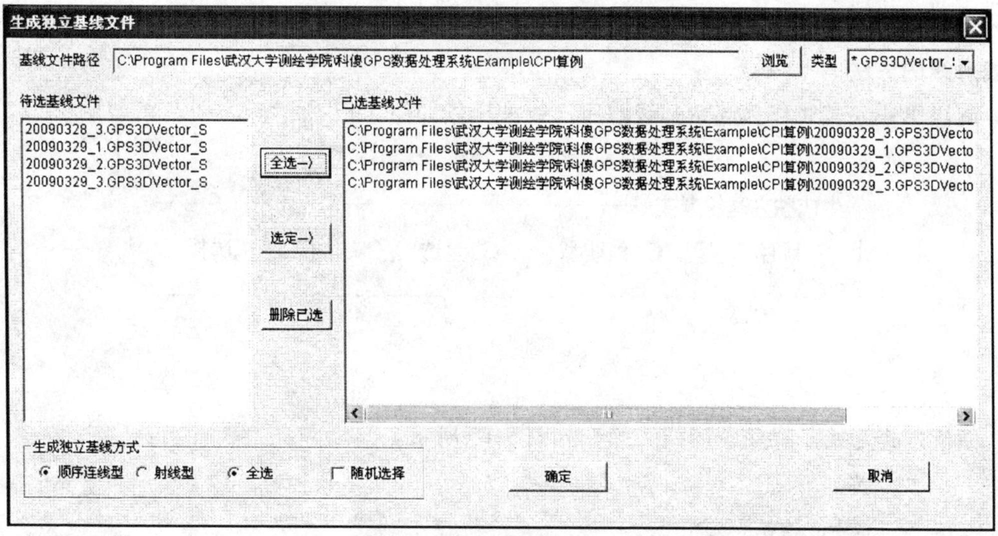

图5-15　生成独立基线文件

在项目“设置”对话框中输入独立基线条数，例如，对于算例CPI_ DEMO，共有4个时段，每个时段采用4台GPS接收机进行同步观测，共有独立基线条数为4×（4-1）=12，输入如图5-16所示。

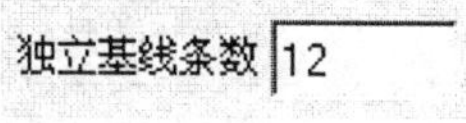

图5-16

按“确定”后，得到用于后续平差的基线向量文件，文件名称为“工程名.GPS3dVector”，文件结构为：

观测时段信息（一般在文件名中含有该信息）

标识　起点　终点　DX　DY　DZ　Cov（DX，DX）Cov（DY，DY）Cov（DZ，DZ）Cov（DX，DY）Cov（DX，DZ）Cov（DY，DZ）

……

对于CosaGPS 5.2以前的旧版软件使用的“工程名.GPS3dVector”，文件格式是兼容的。

②方法二：首先利用软件的“生成独立基线方式”，得到初步的独立基线构网方案，其中，选择为独立的基线的“标识”为“0”，未选中的基线的“标识”为“1”，然后进行预平差，再查看网图，检查网形是否存在支点，通过人工干预修改构网方案，具体方法是对照网图和“工程名.GPS3dVector”修改网形，对于选用的基线，将其“标识”修改为“0”，否则为“1”。

后续的平差和精度评定、异步环闭合差计算、重复基线差计算只使用“标识”为“0”的基线，忽略“标识”为“1”的基线。

CosaGPS 采用的选取独立基线方法有：顺序连线法、射线法。顺序连线法分为从每个时段的第一条基线开始连线方法和随机在该同步时段中选择一条基线开始连线方法；射线法分为从每个时段的第一条基线的起点找射线的方法和随机在该同步时段的测站中选择一点找射线的方法。

测段第一条基线作为起始基线顺序连线法操作如图 5-17 所示。

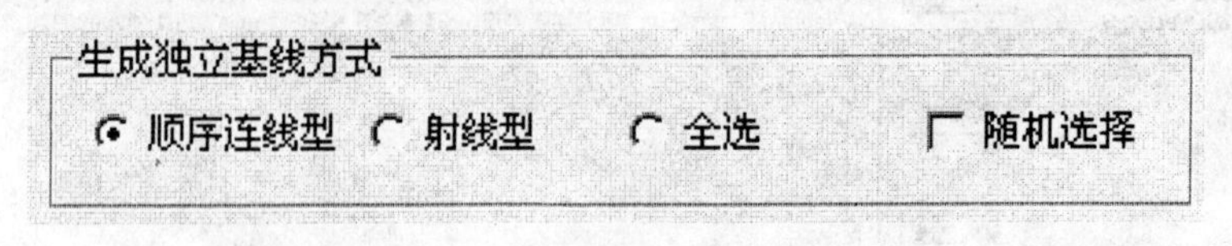

图 5-17

随机选择起始基线顺序连线法操作如图 5-18 所示。

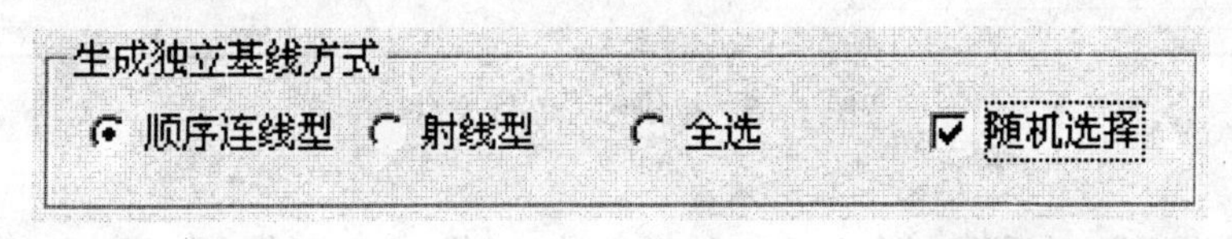

图 5-18

测段第一条基线起点为参考点找射线法操作如图 5-19 所示。

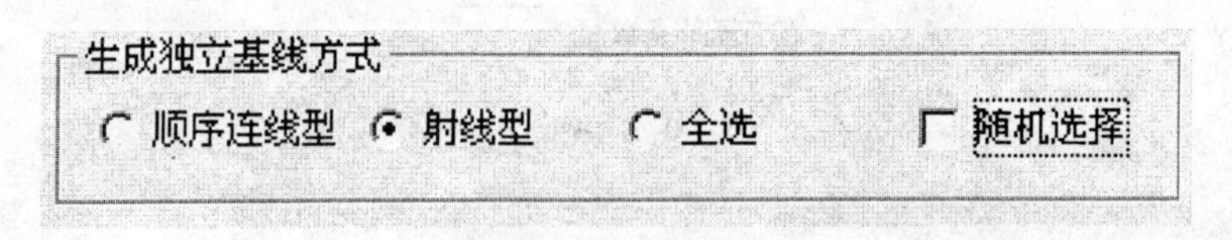

图 5-19

随机选择测段内任意一个测站为参考点找射线法操作如图 5-20 所示。

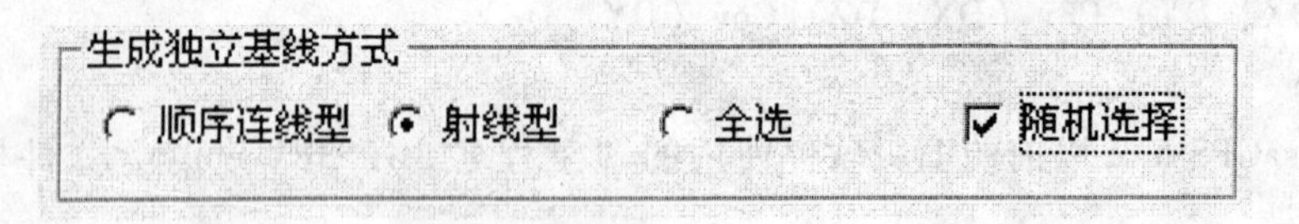

图 5-20

按“确定”后，得到用于后续平差的基线向量文件，文件名称为“工程名.GPS3dVector”。

(4) 三维向量网平差（无约束平差或约束平差）

其作用是在 WGS84 空间直角坐标系中进行三维向量网平差，首先需要至少输入 1 个点的三维坐标，并生成基线向量文件。对于独立的 GPS 网，可取 1 个点的单点定位解

（从基线解文件查取）作为固定坐标，进行无约束平差；若网中联测了多个国家 GPS 点（如 A 级点、B 级点），则可全部作为固定点输入，进行约束平差。可以用（X，Y，Z）或（B，L，H）的格式输入。

以表格形式显示在窗口中的坐标数据与名称为“*. GPS3dKnownXYZ”的文件内容互相对应，也可用文本编辑器编辑生成“*. GPS3dKnownXYZ”文件，表格中的数据随之改变，格式为：

$$$$$$$$　　********. ******　　********. ******　　********. ******

（点名）　　　　(X/B)　　　　　　(Y/L)　　　　　　(Z/H)

对于同一控制网，如果采用不同生产厂商的多种类型接收机观测，并用各自的配套软件进行解算，得到的基线向量有时存在方差阵不匹配问题，可采用不同的方差因子对基线的方差阵进行处理。操作方式是，先用不同的工程名对每类基线给定相应的方差因子分别生成相应的基线向量文件（*. GPS3dVector），然后用编辑器将其合并为一个作为最终的输入文件。

若想改变椭球参数，可到“设置”项进行选择。

完成坐标输入并生成基线向量文件后，单点该菜单项进行平差计算，结果文件（*. GPS3dResult）将显示在屏幕上。

（5）二维网联合/约束平差

其作用是进行二维联合平差，首先需要完成三维向量网平差，并至少输入 1 个公共点的二维平面坐标，若只有 1 个公共点，则还需要输入至少 1 条地面边长（归算到高斯平面上）和 1 个地面方位角，当然也可以输入任意多个地面边长和方位角。地面边长和方位角可作为观测值进行联合平差，也可作为固定值进行约束平差。

以表格形式显示在窗口中的坐标数据与名称为“*. GPS2dKnownXY”的文件内容互相对应，也可用文本编辑器编辑生成“*. GPS2dKnownXY”文件，表格中的数据随之改变，格式为：

$$$$$$$$　　********. ******　　********. ******

（点名）　　　　(x)　　　　　　(y)

若想改变椭球参数，可到“设置”项进行选择。

完成坐标输入并生成基线向量文件后，点击该菜单项进行平差计算，结果文件（*. GPS2dResult）将显示在屏幕上。

CosaGPS 提供了用户自定义输出任意两点间相对精度的功能。具体方法为，首选需要形成用户要求的“点对”文件，其文件名为“工程名. GPS2dRel”，其格式为一个文本文件，每一行即为一个“点对”（起点点名，终点点名），“点对”间用逗号或空格分隔，如：

A01，A02

A03，A08

系统在平差时，自动判断该文件是否存在，若存在，则读取文件中的点对，并计算其相对精度，输出到二维平差结果文件中的“平差后方位角、边长及精度”信息栏中，为了与存在直接观测值的“点对”相对精度有所区别，其序号标记为“****”。

(6) 椭球面三维平差

在某一确定的椭球面上进行三维平差，把 WGS84 椭球到地方参考椭球的转换参数作为附加参数，在平差时一并求得。解算是在椭球面上进行的，不受投影变形的限制，可以进行覆盖全国乃至全球的大范围 GPS 控制网的数据处理。

首先需要完成三维向量网平差，并至少输入 3 个公共点的三维坐标，可以输入（X，Y，Z）、（B，L，H）、（B，L）或 H，即只知道某点的经纬度时，输入（B，L），H 为空（不要输 0）；只知道某点的大地高时，输入 H，（B，L）为空（不要输 0）。结果文件名为"*.GPS3dBLHResult"。

(7) 工程网（一点一方向）平差

对于某些工程项目，如大桥、大坝等，如果采用固定一个点的坐标、指定一个方向的方位角，并且选择相应的工程投影面，从而建立相对独立的坐标系，则可选用该平差项。点击"工程网（一点一方向）平差"，屏幕显示如图 5-21 所示的对话框。在对话框中，固定点信息有点名、平面坐标 x、平面坐标 y 和正常高、大地纬度、大地经度和投影面正常高，平面坐标可以是工程坐标系的独立坐标或高斯平面坐标；固定方位角一般是工程网中某一特定方向的方位角，如大桥控制网的桥轴线方向、大坝控制网的坝轴线方向等。在平差前，应在"数据处理/设置"对话框中选择相应的椭球参数和中央子午线，一般是选择工程网对应的地方椭球的参数。相应的数据文件为"工程名.OneFix"（输入的已知数据文件，与对话框对应）、"工程名.GPS2dResult1"（GPS 二维平差结果）和"工程名.GPS3dResult1"（GPS 三维向量网平差结果）。

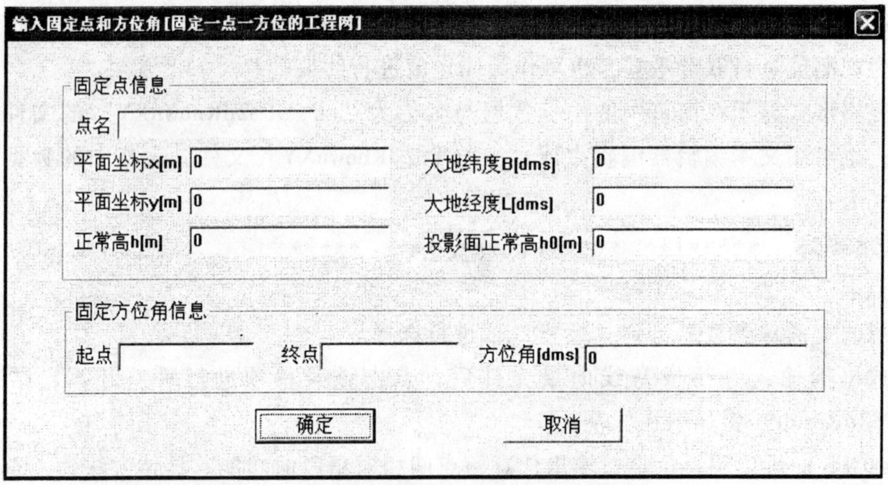

输入固定点和方位角[固定一点一方位的工程网]

固定点信息
点名
平面坐标x[m] 0　　大地纬度B[dms] 0
平面坐标y[m] 0　　大地经度L[dms] 0
正常高h[m] 0　　投影面正常高h0[m] 0

固定方位角信息
起点　　终点　　方位角[dms] 0

确定　　取消

图 5-21　工程网（一点一方向）平差的输入信息

(8) GPS 高程拟合

其作用是进行高程拟合，首先需要完成三维向量网平差并至少输入一个公共点的高程，点取该菜单项后，弹出如图 5-22 的窗口，在该窗口中选择拟合模型。

常数模型为：N=f1；

平面模型为：N=f（B，L）=f1+f2 * B+f3 * L；

曲面模型为：N=f（B，L）=f1+f2 * B+f3 * L+f4 * B^2+f5 * L^2+f6 * B * L。

其中，f 是待求的常数；B，L 为测站点的大地经纬度；N 为高程异常。常数模型需要 1 个以上的公共高程点，平面模型需要 3 个以上的公共高程点，曲面模型需要 6 个以上的公共高程点。高程结果文件名为“ *. GPS1dResult. ”。

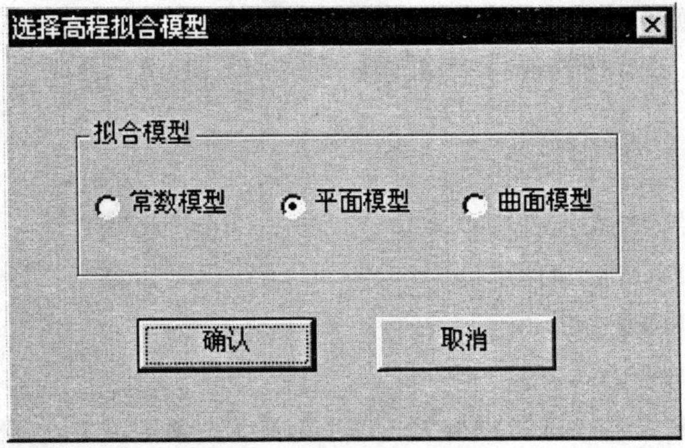

图 5-22 选择高程拟合模型

(9) GPS 三维秩亏自由网

采用秩亏自由网平差时，选择该菜单项。首先进行三维向量网无约束平差，得到近似坐标文件“工程名 . GPS3dApproximateXYZ”，该文件是进行秩亏自由网平差的输入文件；然后进行 GPS 三维秩亏自由网平差，由程序自动生成的用于秩亏自由网平差的输入文件有：

工程名 . GPS3dApproximateXYZ；

工程名 . GPS3dFreeXXInput；

工程名 . GPS3dFreeGxxInput；

工程名 . GPS3dFreeQxxInput。

其中，“工程名 . GPS3dFreeXXInput”的内容为：

总点数　多余观测数　单位权中误差（mm）

点名 1.0　dX（mm）　dY（mm）　dZ（mm）　X（m）　Y（m）　Z（m）

……

其中，点名之后的“1.0”是一个标识数字，含义为该点属于稳定点组，可以根据实际稳定情况进行手工修改为“0.0”，否则认为该点是一个不稳定点，不属于稳定点组。手工修改该文件之后，在屏幕提示“工程名 . GPS3dFreeXXInput 已存在，重新产生?”，应选择“否”。

用于稳定性分析的输入文件有：

工程名 . GPS3dFreeXXQxx；

工程名 . GPS3dFreeENUQenu。

文件“工程名 . GPS3dFreeXXQxx”的内容为：

总点数　多余观测数　单位权中误差（mm）

点名 dX（mm） dY（mm） dZ（mm）

……

协因数阵

文件“工程名.GPS3dFreeENUQenu”的内容为：

总点数 多余观测数 单位权中误差（mm）

点名 dE（mm） dN（mm） dU（mm）

……

协因数阵

秩亏自由网平差的结果文件为：

工程名.GPS3dFreeXXOut；

工程名.GPS3dFreeQxxOut；

工程名.GPS3dFreeMxxOut。

工程名.GPS3dFreeMxxOut 的内容为：前半部分为经典自由网平差（网中含有一个固定点）的空间直角坐标及其中误差，后半部分为秩亏自由网平差（网中含有一个固定点）的空间直角坐标及其中误差。

(10) 稳定性分析

对于两期观测的变形监测网，各自先进行三维向量网无约束平差，再进行三维秩亏自由网平差，最后再进行稳定性分析。

特别需要注意的是，两期控制网的控制点应相同，进行三维向量网无约束平差时的未知数序号应相同。为了满足未知数序号相同的要求，两期网中的固定点应是同一个点，并且基线向量文件中前面的基线向量的顺序在两期中应相互对应，保证推算近似坐标的顺序相同，从而保证了未知数的序号相一致。进行两期自由网平差时，应采用相同的近似坐标。

输入文件为：

第一期的.GPS3dFreeXXQxx 或者.GPS3dFreeENUQenu

第二期的.GPS3dFreeXXQxx 或者.GPS3dFreeENUQenu

结果文件为：

工程名.GPS3dFreeQdd

工程名.GPS3dFreeD

文件“工程名.GPS3dFreeD”中的结果与输入文件有关，当输入文件是“.GPS3dFreeXXQxx”时，其中各行的数据为：

点名 dX（mm）dY（mm）dZ（mm）自由度 标准化统计量 XYZ

……

当输入文件是“.GPS3dFreeENUQenu”时，其中各行的数据为：

点名 dE（mm）dN（mm）dU（mm）自由度 标准化统计量 ENU

……

(11) 设置

其作用是改变所需的参数设置，如图 5-23 所示。当工程建好之后，若想再改变其中的参数，就必须选择该项。注意：应经常查看设置项，确认有关参数正确。

图 5-23 “工程参数设置”对话框

5.4.2 GPS 网平差算例（城市四等网）

1. 原始观测值与基线向量

利用 GPS 接收机共观测两个时段，分别是 20090917A（6 台仪器）和 20090917B（5 台仪器），利用 TTC 软件进行解算，得到相应的基线向量文件分别为 20090917A. ASC 和 20090917B. ASC。在 20090917A. ASC 中，共有 15 条基线，其中 5 条为独立基线；在 20090917B. ASC 中，共有 10 条基线，其中 4 条为独立基线。GPS 网图如图 5-24 所示。根据 GPS 网独立基线选取原则，选取了 9 条独立基线向量（CosaGPS 基线文件格式：起点终点 DX/m DY/m DZ/m CovXX/cm² CovYY/cm² CovZZ/cm² CovXY/cm² CovXZ/cm² CovYZ/cm²）：

S004 S013 −732. 8158 −399. 3379 114. 3332 0. 0372190000000 0. 0976050000000 0. 1377700000000 −0. 0088060000000 −0. 0041410000000 0. 0834320000000

D8 S013 369. 5042 96. 1708 117. 7677 0. 0205980000000 0. 0489370000000 0. 0738860000000 −0. 0038870000000 −0. 0038710000000 0. 0381340000000

D16 S004 725. 7115 106. 3208 321. 3742 0. 0048750000000 0. 0243140000000 0. 0200020000000 −0. 0000480000000 −0. 0022430000000 0. 0169970000000

D10 S004 604. 8997 135. 3701 131. 9611 0. 0048090000000 0. 0111910000000 0. 0162250000000 −0. 0007560000000 −0. 0017570000000 0. 0090310000000

D10 D13 −264. 1313 −69. 3781 −120. 3490 0. 0011400000000 0. 0021070000000 0. 0021890000000 −0. 0000630000000 −0. 0000500000000 0. 0010100000000

D13 DJ6 −447. 5583 −230. 7592 −0. 4730 0. 0049970000000 0. 0035190000000 0. 0040600000000 −0. 0017760000000 −0. 0015940000000 0. 0022110000000

DJ6 D8 214. 2600 −60. 0215 249. 3041 0. 0076020000000 0. 0052040000000 0. 0055780000000 −0. 0029250000000 −0. 0025300000000 0. 0033620000000

D15　　DJ6　　−364.3814　　−338.0488　　199.5735　0.0496720000000　0.0227870000000
0.0211070000000　−0.0240370000000　−0.0144770000000　0.0137840000000
D15　　D16　226.4943　　−8.8637　　130.9718　0.0268100000000　0.0313160000000
0.0245650000000　−0.0105410000000　−0.0000430000000　0.0143690000000

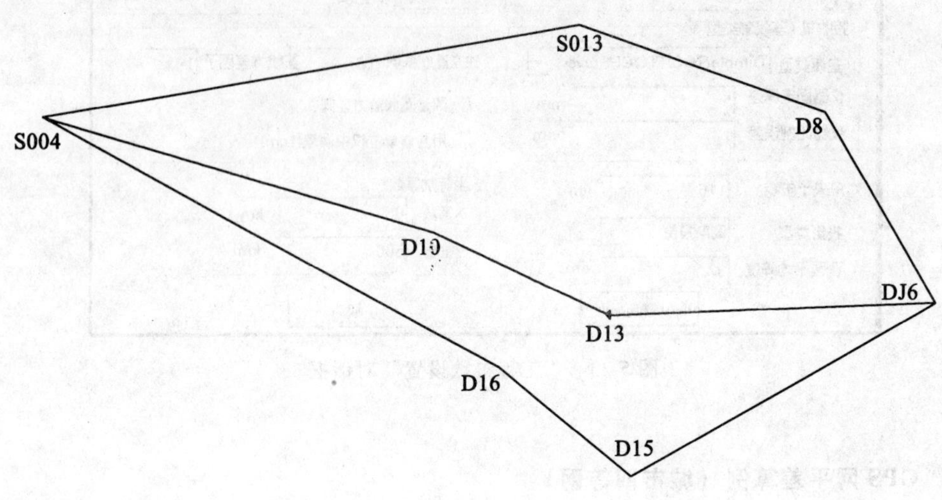

图 5-24　GPS 网图

2. 已知坐标

①三维空间直角坐标（WGS84 假定坐标）：

D13　−2280531.0742　　4980192.0078　　3256749.4315

②二维高斯平面坐标（中央子午线为东经 114 度 36 分，假定坐标系）：

D13　420449.396000　　157743.519000

S004　420751.366000　　156866.464000

3. 三维向量网平差（WGS84）（表 5-2）

表 5-2

GPS 算例网 三维网平差结果	
多余观测数＝	6
已知点数＝	1
总点数＝	8
GPS 三维基线向量数＝	9
中央子午线＝	114.360000000（dms）
椭球长轴＝	6378137.000（m）

续表

椭球扁率分母＝	298.257223563
PVV＝	2.937（cm^2）
M0＝	0.700（cm）

已知坐标（X，Y，Z）

No.	Name	X（m）	Y（m）	Z（m）
1	D13	-2280531.0742	4980192.0078	3256749.4315

GPS 三维基线向量观测值

No.	From	To	VectorDX（m）	VectorDY（m）	VectorDZ（m）	Distance（m）
1	S004	S013	-732.816	-399.338	114.333	842.355
2	D8	S013	369.504	96.171	117.768	399.564
3	D16	S004	725.712	106.321	321.374	800.776
4	D10	S004	604.900	135.370	131.961	633.753
5	D10	D13	-264.131	-69.378	-120.349	298.433
6	D13	DJ6	-447.558	-230.759	-0.473	503.546
7	DJ6	D8	214.260	-60.022	249.304	334.159
8	D15	DJ6	-364.381	-338.049	199.574	535.612
9	D15	D16	226.494	-8.864	130.972	261.786

平差后坐标（X，Y，Z）

No.	Name	X(m)	Y(m)	Z(m)	Mx(cm)	My(cm)	Mz(cm)	Mp(cm)
1	D13	-2280531.0742	4980192.0078	3256749.4315				
2	S004	-2279662.0437	4980396.7542	3257001.7368	0.31	0.44	0.50	0.74
3	S013	-2280394.8646	4979997.4037	3257116.0451	0.59	0.84	1.00	1.43
4	D8	-2280764.3713	4979901.2272	3256998.2641	0.44	0.39	0.41	0.71
5	D16	-2280387.7549	4980290.4330	3256680.3613	0.41	0.61	0.62	0.96
6	D10	-2280266.9431	4980261.3858	3256869.7799	0.14	0.19	0.20	0.31
7	DJ6	-2280978.6320	4979961.2487	3256748.9594	0.29	0.25	0.27	0.46
8	D15	-2280614.2502	4980299.2973	3256549.3874	0.64	0.54	0.55	1.01

最弱点

No.	Name	MX（cm）	MY（cm）	MZ（cm）	MP（cm）
3	S013	0.59	0.84	1.00	1.43

续表

三维基线向量残差

No.	From	To	V_ DX (cm)	V_ DY (cm)	V_ DZ (cm)	限差 (cm)
1	S004	S013	-0.51	-1.26	-2.49	3.26 合格
2	D8	S013	0.25	0.56	1.33	3.06 合格
3	D16	S004	-0.02	0.04	0.13	3.23 合格
4	D10	S004	-0.03	-0.17	-0.42	3.15 合格
5	D10	D13	0.02	0.01	0.06	3.03 合格
6	D13	DJ6	0.05	0.01	0.09	3.09 合格
7	DJ6	D8	0.07	0.01	0.06	3.04 合格
8	D15	DJ6	-0.04	0.01	-0.16	3.11 合格
9	D15	D16	0.10	-0.06	0.21	3.03 合格

三维基线向量可靠性

No.	From	To	内部可靠性		
			DX	DY	DZ
1	S004	S013	0.50	0.57	0.56
2	D8	S013	0.28	0.31	0.34
3	D16	S004	0.07	0.29	0.18
4	D10	S004	0.11	0.16	0.24
5	D10	D13	0.03	0.04	0.04
6	D13	DJ6	0.11	0.05	0.06
7	DJ6	D8	0.10	0.03	0.02
8	D15	DJ6	0.53	0.16	0.25
9	D15	D16	0.29	0.40	0.30
累计内部可靠性			2.00	2.00	2.00
平均内部可靠性			0.22	0.22	0.22
内部可靠性总和			6.00		
内部可靠性均值			0.22		

平差后边长及精度

No.	FROM	TO	S (m)	MS (cm)	MS : S	ppm
1	S004	S013	842.362	0.56	1/150000	6.68
2	D8	S013	399.572	0.61	1/65000	15.33

续表

No.	FROM	TO	S (m)	MS (cm)	MS: S	ppm
3	D16	S004	800. 777	0. 33	1/241000	4. 16
4	D10	S004	633. 751	0. 29	1/216000	4. 62
5	D10	D13	298. 433	0. 16	1/182000	5. 49
6	D13	DJ6	503. 545	0. 23	1/216000	4. 64
7	DJ6	D8	334. 160	0. 26	1/130000	7. 69
8	D15	DJ6	535. 612	0. 39	1/137000	7. 29
9	D15	D16	261. 788	0. 56	1/47000	21. 20

最弱边

No.	FROM	TO	S (m)	MS (cm)	MS : S	ppm
9	D15	D16	261. 788	0. 56	1/47000	21. 20

大地坐标，二维平面投影坐标，误差椭圆参数

中央子午线＝ 114. 360000000 (dms)

x 坐标常数＝ 0. 0000 (m)

y 坐标常数＝ 0. 0000 (m)

No.	Name	B (dms) x (m)	dB (cm) dx (cm) E (cm)	L (dms) y (m)	dL (cm) dy (cm) F (cm)	H (m) T (dms)	dH (cm)
1	D13	30. 541317059	0. 00	114. 361441971	0. 00	31. 454	0. 00
		3420293. 079	0. 00	382. 924	0. 00		
			0. 00		0. 00	0. 0000	
2	S004	30. 542312842	0. 34	114. 354145500	0. 32	10. 384	0. 58
		3420599. 751	0. 34	−492. 459	0. 32		
			0. 35		0. 30	146. 2714	
3	S013	30. 542728137	0. 67	114. 361280717	0. 59	19. 285	1. 12
		3420727. 642	0. 67	340. 088	0. 59		
			0. 72		0. 53	149. 0202	
4	D8	30. 542289238	0. 28	114. 362696655	0. 36	15. 766	0. 55
		3420592. 495	0. 28	716. 093	0. 36		
			0. 37		0. 27	107. 1425	

续表

No.	Name	B (dms) x (m)	dB (cm) dx (cm) E (cm)	L (dms) y (m)	dL (cm) dy (cm) F (cm)	H (m) T (dms)	dH (cm)
5	D16	30. 541074888	0. 40	114. 360796970	0. 41	21. 568	0. 77
		3420218. 494	0. 40	211. 642	0. 41		
			0. 43		0. 38	125. 5735	
6	D10	30. 541730550	0. 15	114. 360428866	0. 15	53. 038	0. 23
		3420420. 414	0. 15	113. 887	0. 15		
			0. 16		0. 14	138. 4100	
7	DJ6	30. 541354845	0. 19	114. 363336102	0. 24	11. 094	0. 35
		3420304. 746	0. 19	885. 921	0. 24		
			0. 24		0. 18	107. 0801	
8	D15	30. 540539282	0. 41	114. 361558534	0. 50	42. 130	0. 77
		3420053. 552	0. 41	413. 887	0. 50		
			0. 54		0. 36	118. 2311	

4. 二维约束平差（表5-3）

表5-3

GPS算例网	二维网平差结果
多余观测数=	4
已知点数=	2
总点数=	8
GPS基线向量数=	9
地面边长数=	0
地面方位角数=	0
旋转角（GPS->地面）=	0. 182967597（dms）
尺度（GPS->地面）=	39. 3638（ppm）
中央子午线=	114. 360000000（dms）
椭球长轴=	6378137. 000（m）
椭球扁率分母=	298. 257223563
PVV=	1. 656（cm^2）
M0=	0. 643（cm）

续表

已知坐标（X，Y）			
No.	Name	X（m）	Y（m）
1	D13	420449.3960	157743.5190
2	S004	420751.3660	156866.4640

GPS 二维基线向量					
No.	From	To	VectorDX（m）	VectorDY（m）	Distance（m）
1	S004	S013	127.907	832.538	842.306
2	D8	S013	135.138	-376.000	399.548
3	D16	S004	381.256	-704.101	800.696
4	D10	S004	179.340	-606.347	632.313
5	D10	D13	-127.335	269.038	297.650
6	D13	DJ6	11.666	502.997	503.132
7	DJ6	D8	287.748	-169.827	334.126
8	D15	DJ6	251.196	472.033	534.710
9	D15	D16	164.940	-202.245	260.976

平差坐标（X，Y）						
No.	Name	X（m）	Y（m）	Mx（cm）	My（cm）	Mp（cm）
1	D13	420449.3960	157743.5190			
2	S004	420751.3660	156866.4640			
3	S013	420883.7393	157698.3439	0.82	0.72	1.09
4	D8	420750.6114	158075.0848	0.39	0.51	0.64
5	D16	420373.8876	157572.6335	0.47	0.51	0.70
6	D10	420575.2866	157473.7899	0.19	0.17	0.26
7	DJ6	420463.7693	158246.4653	0.33	0.39	0.51
8	D15	420210.0288	157775.7716	0.53	0.68	0.86

最弱点				
No.	Name	MX（cm）	MY（cm）	MP（cm）
3	S013	0.82	0.72	1.09

续表

误差椭圆参数（E，F，T）

No.	Name	E（cm）	F（cm）	T（dms）
1	D13	0.00	0.00	0.0000
2	S004	0.00	0.00	0.0000
3	S013	0.87	0.66	148.2228
4	D8	0.51	0.39	102.0845
5	D16	0.54	0.44	121.2249
6	D10	0.19	0.17	149.2809
7	DJ6	0.40	0.32	110.2839
8	D15	0.72	0.48	115.4901

二维基线向量残差

No.	From	To	V_ DX（cm）	V_ DY（cm）
1	S004	S013	-1.64	0.98
2	D8	S013	0.93	-0.46
3	D16	S004	0.09	0.01
4	D10	S004	-0.28	0.09
5	D10	D13	0.05	-0.02
6	D13	DJ6	0.08	-0.05
7	DJ6	D8	0.07	-0.08
8	D15	DJ6	-0.15	0.04
9	D15	D16	0.23	-0.07

二维基线向量可靠性

No.	From	To	内部可靠性	
			DX	DY
1	S004	S013	0.55	0.52
2	D8	S013	0.35	0.30
3	D16	S004	0.15	0.14
4	D10	S004	0.21	0.14
5	D10	D13	0.04	0.03
6	D13	DJ6	0.06	0.09

续表

No.	From	To	内部可靠性	
			DX	DY
7	DJ6	D8	0.02	0.07
8	D15	DJ6	0.24	0.42
9	D15	D16	0.38	0.29
累计内部可靠性			2.00	2.00
平均内部可靠性			0.22	0.22
内部可靠性总和			4.00	
内部可靠性均值			0.22	

平差后方位角、边长及精度

No.	FROM	TO	A (dms)	MA (s)	S (m)	MS (cm)	MS : S	ppm
1	S004	S013	80.57309	2.07	842.3460	0.69	1/121000	8.22
2	D8	S013	289.27423	3.66	399.5707	0.73	1/54000	18.28
3	D16	S004	298.07352	1.13	800.7280	0.54	1/148000	6.72
4	D10	S004	286.10056	0.59	632.3359	0.18	1/348000	2.87
5	D10	D13	115.01115	1.22	297.6612	0.19	1/160000	6.22
6	D13	DJ6	88.21469	1.35	503.1517	0.39	1/129000	7.70
7	DJ6	D8	329.08341	2.07	334.1402	0.34	1/97000	10.21
8	D15	DJ6	61.40188	2.35	534.7306	0.54	1/98000	10.12
9	D15	D16	308.53274	3.35	260.9880	0.65	1/40000	24.98

最弱边

No.	FROM	TO	A (dms)	MA (s)	S (m)	MS (cm)	MS : S	ppm
9	D15	D16	308.53274	3.35	260.9880	0.65	1/40000	24.98

相邻点坐标分量及其相对中误差

No.	FROM	TO	dX (m)	dY (m)	mdX (cm)	mdY (cm)
1	S004	S013	132.3733	831.8799	0.82	0.72
2	D8	S013	133.1279	-376.7409	0.78	0.65
3	D16	S004	377.4784	-706.1695	0.47	0.51
4	D10	S004	176.0794	-607.3259	0.19	0.17

续表

No.	FROM	TO	dX (m)	dY (m)	mdX (cm)	mdY (cm)
5	D10	D13	-125.8906	269.7291	0.19	0.17
6	D13	DJ6	14.3733	502.9463	0.33	0.39
7	DJ6	D8	286.8421	-171.3805	0.30	0.37
8	D15	DJ6	253.7404	470.6938	0.49	0.65
9	D15	D16	163.8587	-203.1381	0.50	0.60

参考文献

[1] 孔祥元，郭际明．控制测量学（上、下册）．武汉：武汉大学出版社，2006.

[2] 孔祥元，郭际明，刘宗泉．大地测量学基础．武汉：武汉大学出版社，2005.

[3] 武汉大学测绘学院测量平差学科组．测量理论与测量平差基础．武汉：武汉大学出版社，2003.

[4] 张正禄，罗年学，郭际明等．现代测量控制网数据处理通用软件 COSA_CODAPS 使用说明书（2009).

[5] 郭际明，罗年学．GPS 工程测量网通用平差软件包 CosaGPS 使用说明书（2009).

[6] 郭际明，张正禄，罗年学等．科傻（COSA）系统构成及其在工程测量中的应用．测绘信息与工程，2010（1).

[7] 张正禄，罗年学，郭际明等．COSA_CODAPS 及在精密控制测量数据处理中的应用．测绘信息与工程，2010（2).

[8] 郭际明，罗年学，张正禄等．COSA_GPS 及在大规模高精度 GPS 控制网数据处理中的应用．测绘信息与工程，2010（3).

[9] 罗年学，王磊，郭际明等．COSA_LEVEL 及在水准测量和沉降监测中的应用．测绘信息与工程，2010（4).